육군본부 직할 결사대
백골병단 기록 화보

⟨1951. 2. ~ 2022. 6.⟩

제작자 : 전인식

육군본부 직할 결사대 전우회

대행 (주) 건설연구사

차 례

참전 70 주년의 발자취 …………………………………………………………… 9
태극기를 휘날리며 ………………………………………………………………… 10
육군본부 직할 결사대(백골병단)의 근원 ……………………………………… 11
백골병단(白骨兵團) ……………………………………………………………… 12
국본특별명령 제22호 추가 임관 특명 ………………………………………… 13
작전명령 …………………………………………………………………………… 14
전인식대위의 임관 사령장 군제대증명 ………………………………………… 15
전인식소령의 병적 확인서 ……………………………………………………… 16
전인식소위의 임관사령장 및 전역증 …………………………………………… 17
육군본부 직할 결사대(백골병단)의 전투 ……………………………………… 18
육군본부 직할 결사대(11, 12, 13연대)(백골병단) …………………………… 19
결사 13연대 서인성의 병적증명 ………………………………………………… 20
병적증명서(차주찬) ……………………………………………………………… 21
1951. 2. 7. 결사 유격 제12연대의 출동 ……………………………………… 22
결사 유격 제12연대의 출동 ……………………………………………………… 23
1951. 3. 하순경 아군이 노획한 김일성의 문서 ……………………………… 24
1951. 4. 사선을 돌파한 결사 11연대 …………………………………………… 26
1961. 8. 23. 백골병단 참전전우회 발기 ……………………………………… 27
1987. 참전개선 36년만에 추모제를 …………………………………………… 28
전사·안장의식 통지서 …………………………………………………………… 29
1951. 4. 3. 결사 11연대 제1대대 개선장병의 모습 ………………………… 30
1951. 4. 5. 강릉에 개선한 결사 제11연대 장교 일동 ……………………… 31
1989. 3. 4. 인제군 북면 용대리에서 백골병단 전적비 기공 준비 ………… 32
1989. 4. 인제군 기린면 진동리에서 유해 발굴을 …………………………… 33
참전전우회의 지나간 발자취를 찾아서 ………………………………………… 34
6·25 유격대 제1호 "白骨兵團"(경향신문) …………………………………… 35
1987. 8. 7. 채명신 장군의 친서신 ……………………………………………… 36
2018년도 참전전우회 회원들(무순) …………………………………………… 37
1986. 8. 8. 못다핀 젊은 꽃 출판기념회 ……………………………………… 38
1988 단목령 입구 또는 진동리 유해 발굴 …………………………………… 39
백설의 장정 출판기념회 ………………………………………………………… 40
2004. 9. 3. 특수작전 공로자 회의 ……………………………………………… 41

항목	쪽
2004. 11. 24 ~ 30. 전적지 순례	42
살신보국 3인 38년만에 영결식(강원일보)	43
6·25 전쟁 중 적 후방지역 작전수행 공로자에 대한 군 복무인정 및 보상 등에 관한 법률	44
6·25 전쟁 중 적 후방지역 작전수행 공로자에 대한 군 복무인정 및 보상 등에 관한 법률 시행령	45
39년만에 울려퍼진 진혼곡(전우신문)	46
백골병단·동키부대는 "위명"(한국일보)	47
전우회가 청원한 전사망 장병 위패건립에 대한 회답 원본	48
육군본부 직할 결사대 11연대 편성표	49
백골병단의 편성	50
백골병단 전사 확인자	51
1993년 백골병단 전몰장병 합동추모식	52
1990. 8. 16. 백골병단 전적비 건립	53
육군대위 (고) 현규정 훈장증	54
1990. 7. 17. 참전전우회원 일동 국립현충원 헌화·분향	55
6·25 특집 "노병의 소리"(국방일보)	56
참전전우 일동의 행사 기록	57
2007. 6. 용대백골장학회 의 장학금 헌성비 제막	58
용대 백골 장학 사업	59
노병이 말하는 6·25 "나는 이렇게 싸웠다"(국방일보)	60
1991. 12. 10. 육군참모총장이 백골병단 참전자 전원 종군기장 수여 건의	61
설악산 백골대대 명명문	62
1951. 1. 육군정보학교 교관 서신·절사 11연대의 출동 기록	63
2007. 6. 5. 제1회 용대·백골장학회 발족	64
참전전우들의 한때 추억	65
육본 직할 결사대 전우회의 사업	66
참전 50주년 기념 추모제	67
전인식 편저서 관련 출판 목록	68
한국 첫 게릴라부대 한맺힌 최후(뉴스피플)	69
1993년 이극성장군 외 박종선·신만택장군	70
살신성인 충용비 제막	71
6·25 활약상 확인할 수 있는 '작은 역사관'	72
2012. 11. 11. 전적비 보호 방어벽이 건립되다	73
참전전우회 공적심의 의결서(원본)	74

군 저명인사로부터 받은 격려 서신 …………………………………………… 75
참전노병, 전적비 영구관리 기금 조성 …………………………………………… 76
2001. 8. 29. 참전 전우회장의 김대중 대통령 등 요로에 등기우편으로 청원 ……… 77
전적비 보호·방어벽 및 공적·부조 건립 ……………………………………… 78
1989. 백골병단의 행사 ………………………………………………………… 79
1990. 11. 9. 백골병단 전적비의 위용 …………………………………………… 80
백골병단 전적비 비문 ………………………………………………………… 81
전적비 건립 기공에서 공사 …………………………………………………… 82
2020. 6. 18. 백골병단 합동 추모식 ……………………………………………… 83
2022. 6. 3. 백골병단 전몰장병 합동 추모식에서(국방일보) ………………………… 84
국립현충원 참배 및 결사대 전우회 회장이 쓴 저서 …………………………… 85
2021. 6. 4. 제70회 합동 현충 추모식에서 ……………………………………… 86
2021. 6. 5. 백골병단 전적비 앞에서(국방일보) …………………………………… 87
2022. 6. 3. 합동 추모식에서 …………………………………………………… 88
2003. 6. 5. 인제 용대리에서 백골병단 무명용사 추모비 제막식에 참석한 39전우 … 89
전사망 전우 60인의 명패·헌성록 ……………………………………………… 90
육군소령 전인식 훈장증 ……………………………………………………… 91
전인식의 약력 ………………………………………………………………… 92
유격활동상 영화의 한 장면 같아(국방일보) ……………………………………… 96
숭고한 희생, 결코 잊지 않겠습니다(국방일보) …………………………………… 97
백골병단 전적비가 건립 제막되다 ……………………………………………… 98
전적비에 있는 전투요도 ……………………………………………………… 99
1990. 11. 9. 백골병단 전적비 준공식 …………………………………………… 100
전적비의 개요 설명문 ………………………………………………………… 101
6·25 참전용사 증서(19인) ……………………………………………………… 102
국가유공자 증서(22인) ………………………………………………………… 103
전적비 경내에 세운 헌성비 …………………………………………………… 104
『백골의 혼』가슴 속에 영원히(국방일보) ………………………………………… 105
1990. 2. 20. 전적비 건립 등 중요 회의록 ……………………………………… 106
1998. 4. 20. 전우회 전적비 유지관리 공문(국가보훈처) ………………………… 107
학생신분 구국일념 유격대 자원(국방일보) ……………………………………… 108
303 무명용사 추모비 ………………………………………………………… 109
참전 전우회원의 국내외 관광 ………………………………………………… 110
(고) 윤창규 대위 살신성인 충용비 …………………………………………… 111
(고) 윤창규 대위 충용특공상 제정기 ………………………………………… 112

2004. 11. 격전지를 찾아서 ··· 113
2005. 12. 참전 전우회원의 국내외 관광 ··· 114
2001, 2008 참전 50주년 기념 추모제 ··· 115
2008. 국가유공자 증서, 6.25 참전용사 증서 ··· 116
2006. 충남·전남북 지방 및 백두산 관광 ··· 117
2009. 해외 독립운동 유적지 및 국내외 탐방 ··· 118
1989. 격전지 탐방 및 군부대 위문 ··· 119
1989. 임시 육군대위 (고) 현규정 외 2인의 영결식 ··· 120
2004. 울릉도·독도·충남·전남 순례 ··· 121
백골병단 60년사 ··· 122
6.25의 노래 ··· 123
현충추모의 식 ··· 124
2009. 해외 독립운동 유적지 및 국내 탐방 ··· 125
2010. 3. 5. 명예의 전당 현판을 제막하고 ··· 126
2010. 6. 25. 육군본부는 6.25 참전 59년 만에 이색적인 전역식을 ··· 127
전역식에서 전인식 소령 ··· 128
백골병단 59년 만에 전역하는 송세용 중사 ··· 129
2010. 6. 25. 계룡대에서 이색적인 전역식 ··· 130
전역식에서 색다른 광경 ··· 131
백골병단의 문증 ··· 132
전역식 후 오찬과 가족 일동이 ··· 133
전역식을 마치고 귀환하다 ··· 133
전역식에서 카 퍼레이드 ··· 134
2010. 6. 25. 육군본부(백골병단) 전역식 ··· 135
'백골병단' 영웅 26명 59년만에 전역식(조선일보) ··· 136
육직 결사대 70년의 발자취 ··· 137
2002. 10. 전인식의 공적비가 건립되다 ··· 138
2012. 6. 5. 백골병단 전적비에서 참전 개선 61주년 추모식 ··· 139
국군 최초의 정식 유격대 60일간의 작전 지금도 전설(국방일보) ··· 140
2010. 10. 전인식의 특전교육단 특강 ··· 141
2015. 6. 5. 백골병단 전몰장병 합동 추모식을 ··· 142
2016. 4. 전쟁 기념관에서 노년의 65년 기념행사 ··· 143
2017년 참전 66주년 백골병단 현충 추모식에서 ··· 144
백골병단 6·25 참전·개선 66주년 ··· 145
2017. 6. 27. 6·25 기념 전적지 탐사 ··· 146

2018. 6. 5. 백골병단 참전 67주년 역사기념관 건립 제막 …………… 147
2018. 6. 5. 백골병단 현충 추모식에서 …………… 148
역사 기념관 입구에서 …………… 149
백골병단 전몰장병 합동 추모식 …………… 150
백골병단 역사 전시관이 개장되다 …………… 151
2019. 6. 28. 인천 차이나타운 연경에서 …………… 152
2019. 6. 28. 연경에서 임시총회 …………… 153
2019. 12. 18. 서교동 아만티 호텔 특설룸에서 …………… 154
2020. 6. 4. 백골병단 "참전단체 릴레이" <리멤버> …………… 155
인민군복의 유격대 이끌고 적진 침투(채명신) …………… 156
2020. 6. 18. 백골병단 참전 69주년 추모식 …………… 157
결사 제11연대 참전자 …………… 158
결사 제12연대 참전자, 결사 제13연대 참전자 …………… 160
백골병단작전요도 …………… 163
각종 부담금 및 찬조금 누계 …………… 164

조국은 하나

나라도 하나

이 한 목숨

나라에

바치리 …

육군본부 직할 결사대 (白骨兵團)
참전 70주년의 발자취!!

연혁

1951. 1. 4 육군정보학교 입교
1951. 1. 25 임시장병 임관 및 군번 부여
1951. 1. 30 적 후방으로 침투 (11R) (12R : 2.7) (13R : 2.14)
1951. 2. 20 白骨兵團으로 統合 (결사 11, 12, 13 연대 : 647명)
1951. 2. 28 북괴 69여단 I급 기밀문서 노획
1951. 3. 18 「북괴 대남 빨치산 사령관」 겸 「북괴 中將」 "吉元八" 등
　　　　　　지휘부 13명 全員 생포·처치
1951. 3. 24 인제군 북면 용대까지 北進
1951. 3. 30 아군 7사단 3연대 전방으로 개선 (260명 ⇒ 283명)
1951. 4. 15 미8군 예하 커크랜드부대로 예속 변경 (1951.4.25.)
1951. 6. 6 강원도 통천군내 두백리 적전 상륙 성공 (커크랜드)
1951. 6. 28 전인식 커크랜드부대 제대
────────────────────────────
1961. 8. 23 대한민국 유격군 참전전우회 창립 발기
1990. 11. 9 白骨兵團 戰跡碑 건립, 제막
2004. 3. 22 특별법 법률 7,200호 공포, 시행 (2004.11.11)
2010. 6. 25 육군본부 광장에서 59년만에 전역식 거행
2012. 6. 25 전인식 소령 등 9인 무공훈장(충무무공 3, 화랑 6) 수상
2015. 7. 27 권태종 소위, 이익재 하사 화랑무공훈장 수상
2018. 6. 5 백골병단 역사기념관 개관. (전인식 41,615,000원 전액 찬조)
2020. 6. 25 오봉탁 이등상사 화랑무공훈장 추서(대통령)
2020. 6. 26 권영철·나명집 중위, 최인태 소위 } 화랑무공훈장
　　　　　　신건철 중사, 이영진·이명해 하사　　국무총리 추서

= 육군본부 직할 결사대 전 우 회 =

태극기를 휘날리며

육군본부 직할 결사대(백골병단)의 근원

법률 7,200호(2004. 3. 22.) 제2조(정의) 2호 "공로자"

6.25 전쟁 당시 **적 후방지역**에서 **특수작전을 수행한 자**에 대한 **군복무 인정** 및 보상등에 관한 법률 제2조(정의) 2호 **공로자**라 함은 1951년 1월 **육군정보학교**에 입교, **특수군사훈련**을 받은 후 **국방부장관**으로부터 **임시장교·부사관·병의 계급과 군번**을 받고 **육군본부 직할 결사대 소속으로 특수작전을 수행한 자**를 말함.

임시장교 ⇒ **현역 장교·부사관·병** ⇒ 현역과 같이, **계급별 급여 지급**, 전투보상금 지급, **국가유공자·참전유공자 예우**, 전사자 **국립현충원 안장·위패 봉안**

= 백골병단의 주요 활동 =

1950. 6. 25. 04시 북한군의 **기습 남침** (한국전쟁 발발)
1950. 10. 19~26. 중국 공산군 18개 사단 압록강을 건너 **한국전 참전**
1951. 1. 3. 육군 보충대에서 결사대원 700명 모병 (2차 200명)
1951. 1. 4. 육군정보학교(육군 제7훈련소로 개칭)에 입대, 교육 개시
1951. 1. 25. 장교 124명(임시장교 임관) 병사 G군번과 계급 부여
1951. 1. 30. **결사 제11연대 363명 영월 북방 적진 후방으로 침투**
1951. 2. 7. **결사 제12연대 330명** 명주군 강동면 대관령 → 횡계로 침투
1951. 2. 10. 결사 11연대 평창군 내 하진부리에서 **적병 34명 생포**
1951. 2. 14. **결사 제13연대** 대구 → 부산 → 묵호항 → 대관령 → 횡계로 침투
1951. 2. 20. 3개 연대 647명 **백골병단으로 통합** (11R=363, 12R=160, 13R=124)
1951. 2. 27. 홍천군 내면 구룡령을 차단, 적 69여단 정치군관 대위 외 3인을 생포하여, 작전배치 등 I급 기밀서류를 아군 수도사단에 전달, 69여단 괴멸에 기여
1951. 3. 14. 인제군 기린면 귀둔리 38°선 돌파, 적병 39, 내무서원 7, 당 간부 등 생포
1951. 3. 18. 인제군 인제읍 필례마을에 은신 중인 빨치산 제5지대장 겸 **대남 빨치산 사령관 인민군 중장 길원팔**(吉元八) 등 13명 전원 생포로 대남 지휘부 섬멸
1951. 3. 24. 설악산 경유, 오색리 ↔ 오가리 사이 대낮에 행군으로 적진중을 돌파
1951. 3. 30. 강원도 인제군 기린면 방동 서북방에서 아군 7사단 3연대와 조우 개선
1961. 8. 23. 대한민국 유격군 **참전 전우회 발족** (발기인 전인식외 3인)
1990. 11. 9. 인제군 북면 용대리에 白骨兵團 戰跡碑 건립 제막 (육군 지원, 참전전우회 헌금)
2010. 6. 25. 백골병단 참전 59년만에 계룡대 연병장에서 **전역식 거행**
2012. 6. 25. 전인식 소령 충무무공훈장 수상 등 11명 훈장 수상

= 백골병단의 전과 및 아군의 피해 =

적 생포 사살 등 전과 : **생포 309** (중장 1, 대좌 1, 총위 1, 상위 2, 중위 5 포함)
　　　　　　　사살 45명 외 **미확인 사살 130여명**　계 170여명
무기 노획 : 권총 9정, 다발총 17정, 장총 178정,　계 204정, 무전기 1대
기밀서류 노획 : 인민군 69여단 전투상보 (아군 수도사단 인계)
　　　　　　　빨치산 제5지대 편성 장비 조직표, 통신 암호, 난수표
　　　　　　　김일성이 전선 사령관에게 보낸 메시지
　　　　　　　군관증 11장, 당원증 40여매, 인민위원회 조직표 5점
아군의 피해 : 전투 피해 240여명,　비전투손실 120여명
　　　　　　　총기 등 장비손실 410여점,　민간지원자 희생 13명

= 백골병단(白骨兵團) =

　1951년 1월 4일 대구시내 소재 육군보충대에서 입대를 대기하던 7,000여명의 장정 중 1차 700여명과 2차 200여명을 선발하여 육군정보학교(달성초등학교)에 입교시켜 유격전교육을 실시하고, 51년 1월 25일 124명에게 국방부 장관의 임관사령장을 주어 육군임시장교(GO군번 부여)로 임관시키는 한편 부사관 및 병 등에게도 G군번과 계급을 각각 부여하였다.

　육군본부 정보국은 곧 그들 중 결사 제11연대 360여명을 적군의 복장과 무기로 무장시켜 51년 1월 30일 적 후방에 침투시키고, 이후 2월 14일까지 사이에 2개 연대를 각각 적진 배후 지역으로 침투시켜 유격전을 수행 하던 중, 2월 19일 적후방지역이던 강원도 명주군 연곡면 퇴곡리에 그들이 집결되자, 2월 20일 결사 제11연대 연대장 육군중령 채명신이 3개연대(647명 제 11, 12, 13연대)를 통합하여 부대명을 "백골병단" 이라 명명(命名)한다고 선포한 후 51년 4월 25일까지 적진 후방에서 유격전을 수행한 특수부대 명이다.

[어원] "백골" 이란 죽음을 두려워하지 않는 강인한 군인정신과 의지를 나타내고, "병단" 이란 중국 공산군의 군단급보다 상급부대인 "병단" 으로 격상하여 병력이 강대함을 나타낸 것이다.

※ 부대의 통상명칭을 부여함에 있어서는 지휘계통의 승인 또는 명령이 있어야 하나 적진 배후 지역에서의 "명명" 이였으므로 다른 행정조치 등은 없었다.

육군본부 직할 결사대 전우회

불꽃 / 결사 제11, 12, 13연대를 상징
총칼 / 보병, **낙하산** / 유격특수부대 상징
해골 / 백골병단을 강조함.
월계수 / 자유·평화·단결을 상징함

도안 : 전인식

1951. 1. 25. 국방부 장관 신성모
국본특별명령 제22호 추가 임관 특명

國本特別命令(陸) 第二二號追加一
檀紀四二八四年一月二十五日
大統領命에依하여
國防部長官 申性模

三、任官

民間人 軍番附與

李泰植 G0100二
崔仁培 G0100三
金圭珪 G0100四
尹昌植 G0100五
李陽鳳 G0100六
張詰烈 G0100七
金德澤 G0100八
金漢起 G0100九
金迎浩 G0100五
权涇堅 G0100六
金亨順 G0100七
任陸軍臨時技兵大尉

任 李相愛 G0100一
李斗炳 G0100二
陸軍臨時技兵少領

民間人 軍番附與

崔世壽 G0100一
鄭均 G0100二
鄭勳 G0100三
劉成九 G0100四
林奉哲 G0100五
李文和 G0100六
朴亭哲 G0100七
李策敬 G0100八
金相祺 G0100九
鄭萬和 G0101○
尹貞愛 G0101一
白昌男 G0101二
権相洙 G0101三
羅明漢 G0101四
李炳碩 G0101五

民間人 軍番附與

鄭大鈺 G0101六
金學鈺 G0101七
蔡錫均 G0101八
崔二元 G0101九
金正澤 G0102○
崔喜根 G0102一
高慄敬 G0102二
辛政和 G0102三
金茂根 G0102四
李洛培 G0102五
李泉守 G0102六
李明昌 G0102七
朴成鐘 G0102八
任陸軍臨時技兵中尉

民間人 軍番附與

李彩用 G0103○
朴龍洙 G0103一
劉殷三 G0103二
李龍灌 G0103三
崔仁秀 G0103四
崔南奉 G0103五
李鍾文 G0103六
朴正 G0103七
張龍漢 G0103八
全銀九 G0103九
許詩優 G0104○
趙卓守 G0104一
吳錫實 G0104二
朴鍾王 G0104三
李夏劃 G0104四

작전명령

1951년 2월 3일 작명(作命) 제4호
결사 제13연대, 15연대 연대장에게 발령되다
작명 제2호 : 결사 11연대장에게 작명 제3호
결사 12연대장에게 발령된 것으로 추정됨.
원본이 없어 전인식 저 『나와 6.25』 1981. 5. 6. 발행에서 전재한 것임.

戰遂行에 寄與할 目的으로 左記와 如한 任務를 賦與한다.

任務 及 行動要領

1. 連絡將校 生捕 또는 射殺

　小組行動을 取하여 敵에게 發見됨을 避하고 個別的으로 行動하는 敵의 連絡將校 및 連絡兵을 內査 此를 生捕 또는 射殺할 것.

2. 指揮所 襲擊

　敵의 從占配置를 混亂케 하고 後方 指揮所를 不意에 計劃的으로 襲擊하고 指揮所 幹部를 生捕 또는 射殺할 것

3. 各級 幹部 生捕 또는 死殺

　傀儡軍 重要幹部 및 道·郡·面·里級 勞動黨 幹部와 各級 政黨 社會團體 幹部 生捕 또는 死殺할 것

4. 秘密 文書 獲得 愛國靑年 包攝

　敵의 秘密 作戰 文書를 獲得할 것과 敵 占領地區 內에 民衆組織을 展開하여 愛國靑年을 多數 糾合하여 自體隊伍를 擴大할 것

5. 武裝 强化

　遊擊으로 敵을 誘導하여 小敵을 生捕 또는 死殺하고 武器를 獲得하여 自體武裝을 强化할 것

6. 後方 攪亂

　敵 占領地區 良民들에게 大韓民國의 勝利의 確固性을 주며 民衆을 煽動하여 後方 攪亂을 시킬 것

7. 補給路 破壞

　敵의 作戰的 據點을 占領하고 交通輸送機關 및 通信機關을 破壞하며 後方 補給路를 遮斷시키고 指揮混亂을 造成할 것

8. 生產機關 破壞

　敵의 生產機關 各級 重要機關을 破壞하여 補給庫 等을 放火 또는 獲得하고 地域的인 混亂을 造成할 것

9. 士兵에 對한 귀순工作

　士兵에 對한 귀순工作을 展開하는 同時에 新兵訓練所를 不意에 襲擊하여 多量的으로 生捕 또는 射殺할 것

10. 民衆組織 强化 擴大

　敵 占領地區 內의 良民을 基幹으로 地域的인 民衆組織을 實施하여 連絡網을 構成 後方情報를 探知할 것

추가 7면 있음

전인식 대위 (임시)가 육군정보학교 수료시 받은 임관사령장

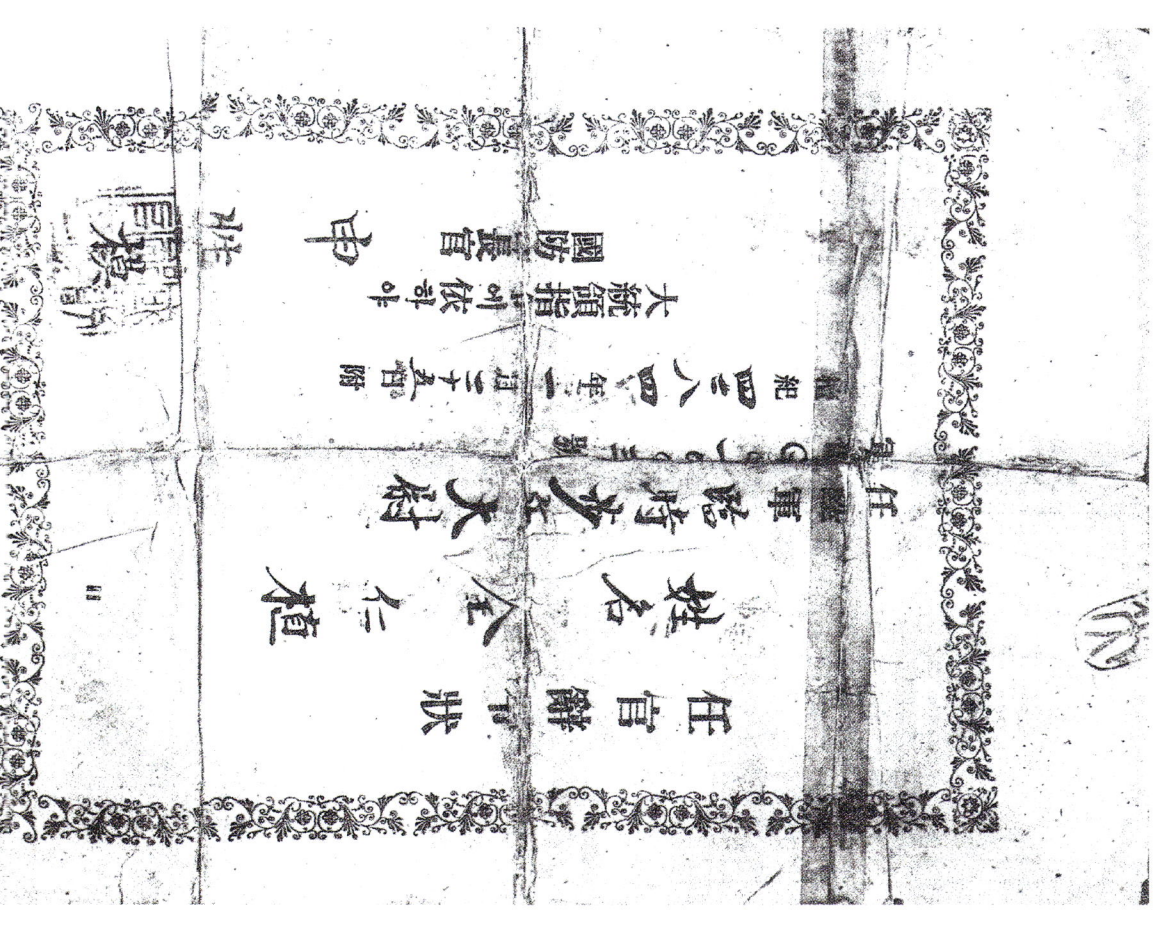

전인식 1951년 1월 25일 임시대위 임관사령장 진품은 1994. 2. 23. 전쟁기념관 전시자료로 기증되어 있다.

1951. 6. 28 미8군 가둥부대 KIRKLAND(카크랜드)부대에서 MAJOR CHUN IN SIK(소령 전인식)에 대한 HONORABLY DISCHARGE(명예제대)를 증명하는 KINGSTON. M. WINGET(킹스틴 엠 윙게트)의 서명증서

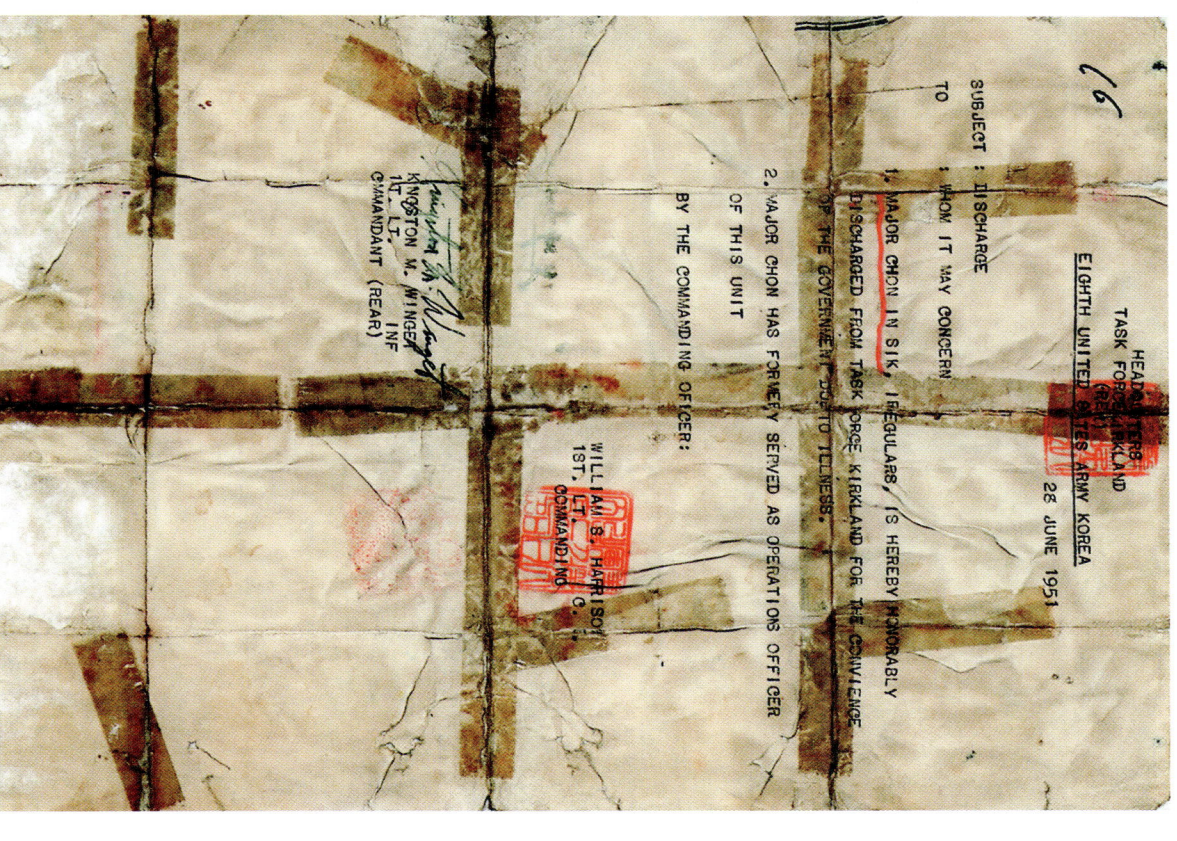

《주》이 증명에 전인이 발인 된 것은 카크랜드에 편성된 정병의 후가 또는 귀향등에 날인하던 것을 행계로의 서명 뒤에 찍은 것이다. 원본은 용산 전쟁기념관 제2층 전시실에 전시되어 있다.

1970. 2. 13. 육군참모총장 서종철 대장이 확인한 전인식 [GO1003, 육군보병소령(비군인)] 의 병적 확인서

병적확인서

확인번호 : 민사 제70-1호

본적	경기도 파주군 탄현면 오금리 427			
주소	서울특별시 성북구 정릉 3동 640의 3.			
성명	전 인 식	생년월일	1929. 7. 27 생 (단 41세)	
병적기록	소속	육군본부 정보국 직할 결사 유격부대		
	직위	작전참모		
	계급	육군보병 소령 (비군인)		
	군번	GO 1003	성명	전 인 식
	입대일자	1951. 1. 25.	복무기간	5월 3일 간
	제대일자	1951. 6. 28.	제대구분	명예 제대

위와 같이 병적상 상위 없음을 확인함.

서기 1970년 2월 13일.

발령관 :

= 1952. 11. 재입대후 재임관한 증서 =

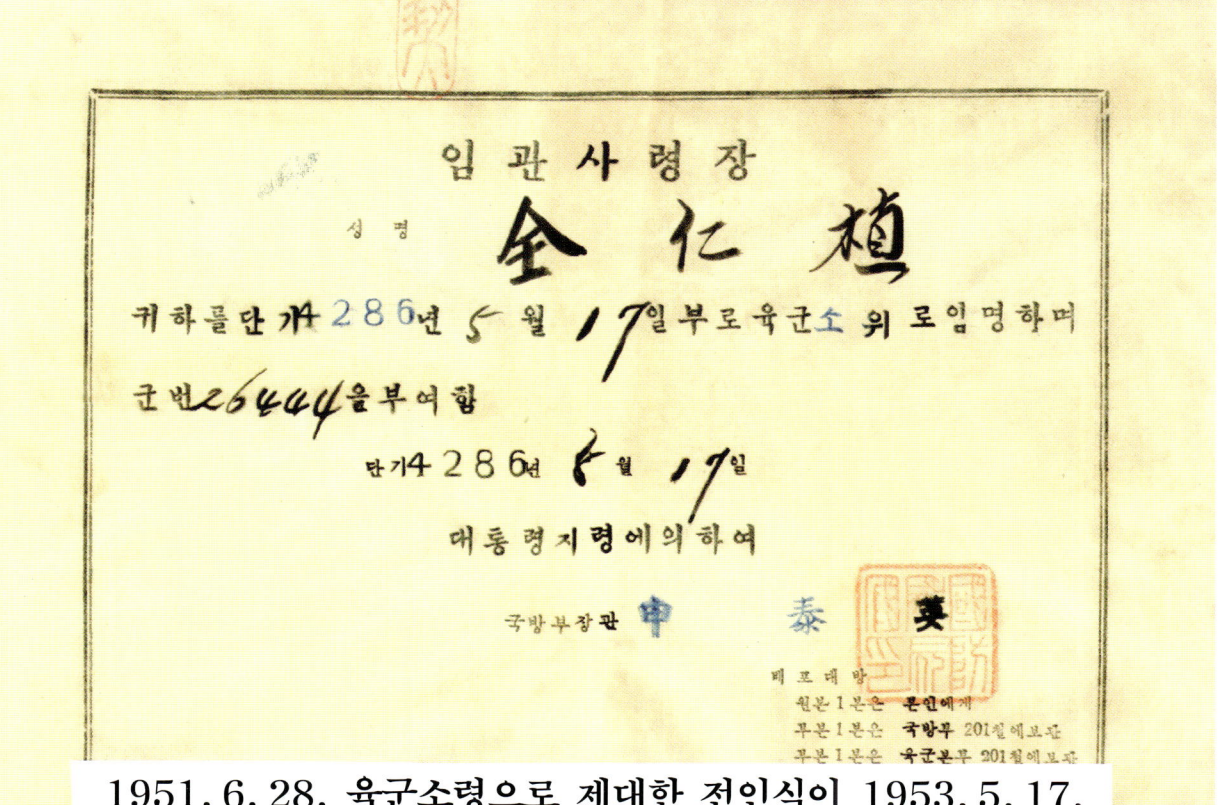

1951. 6. 28. 육군소령으로 제대한 전인식이 1953. 5. 17. 군번 26444, 육군소위로 재임관한 사령장

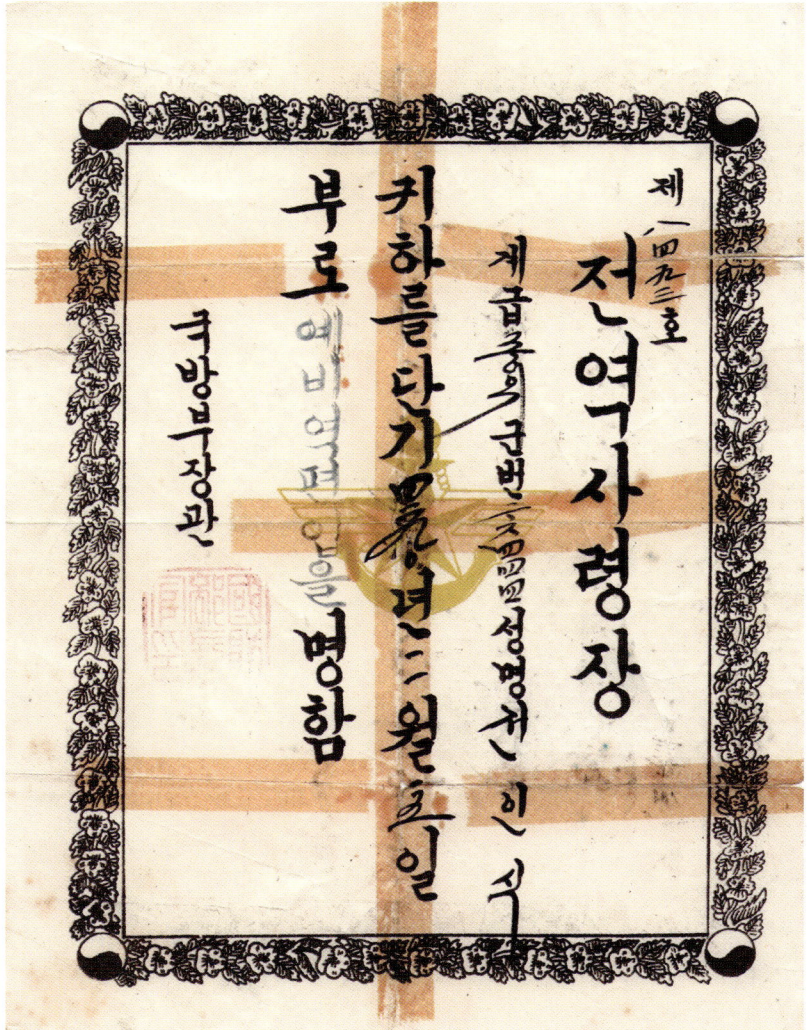

전인식 소령이 1951. 6. 28. 제대한 뒤, 1952. 11. 23. 논산훈련소에 재입대 후, 육군보병학교를 거쳐 재임관, 1957. 11. 15. 전역한 사령장

육군본부 직할 결사대(백골병단)의 전투
<배달의 기수에서 전재>

백골병단 장병이 인민군 복장을 한 모습

1951. 1. 30. 영월에서 적 후방으로 침투하는 결사 11연대 장병

선두 전인식 대위

1951. 1. 31. 적 후방에 침투한 결사 11연대 지휘부

1951. 2. 17. 강원도 명주군 연곡면 퇴곡리에 진입하는 결사 제11연대

1951. 2. 26. 구룡령을 차단한 백골병단 결사 11연대가 인민군 69여단의 정치군관으로부터 전투상보를 압수하다.

69여단의 국비문서(전투상보 등)를 확인하는 지휘부.
이 문서는 아군 수도사단에 전달되었다.

육군본부 직할 결사대 (11, 12, 13연대)
(백골병단)
= 작전 경로 요약 = 〈적 후방 320 km〉

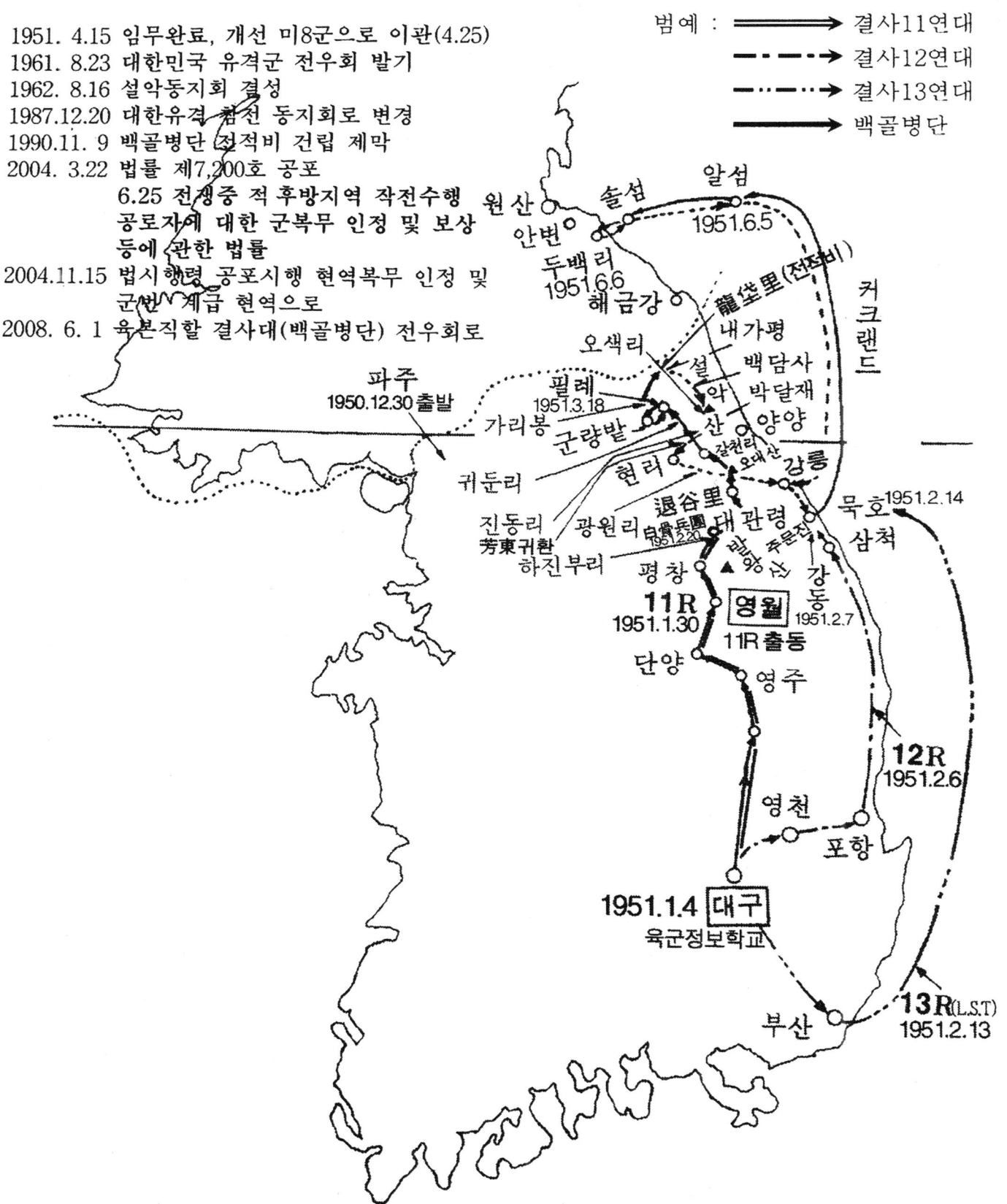

육군본부 직할 결사대(제11, 12, 13연대) 작전요도

결사제13연대 이등중사 서인성의 2중 복무!!

서인성병장은 1951.2.14. 적진후방에 침투, 51.4.25. 임무완수,
1952.4.재입대후, **12사단 37연대에서 용전분투, 화랑무공훈장** 2회 수상함.

 "한사람이 지킨질서 모아지면 나라질서"

육 군 본 부

문서번호 : 부인 제 199 호 (02-505-1626)   1992. 1. 10.

수 신 : 서인성

제 목 : 청원서 회신

    1. 1991. 12. 24. 귀하께서 총무처에 청원한 회신입니다.

가. 수여내용

소속	계급	군 번	성 명	수여훈격	수여근거	훈기번호	비고
12사 37연	이중	0373502	서인성	화 랑	육 44호 (53. 3.31)	67361	지급필
〃	일중	〃	〃	〃	육 123호 (54. 4.20)	100520	〃
				(이상 2개)			

    나. 귀하의 상훈기록에 대하여 육군본부에 보관중인 당시 상훈명령 및 수여대장을 면밀히 확인한 결과 상이기장 수여기록은 없으며 상기와 같은 훈장수여 기록만이 확인되었음을 통보합니다. 끝으로 귀하의 건강을 기원합니다. 끝.

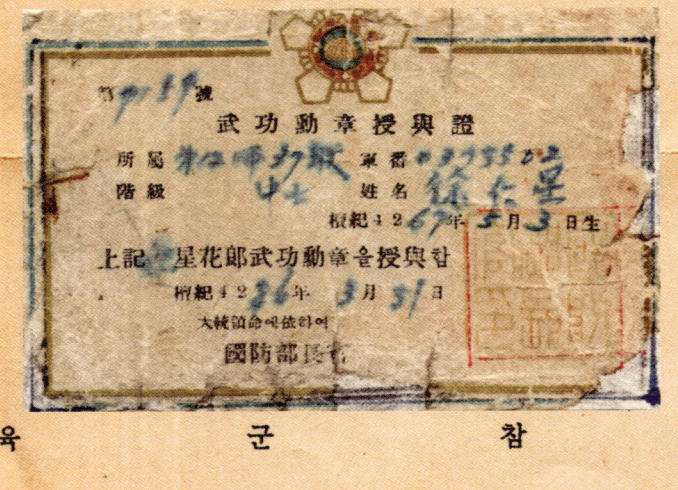

육 군 참 모 총 장

"선 진 조 국 창

차 주 찬 1933년 충남 천안 출신

1951. 1. 4.　육군정보학교 입교
1951. 1. 25.　군번 G11060 이등중사 참전
1951. 6. 15.　귀향
1953. 5. 3.　재입대 새군번 : 134174
1971. 6. 30.　육군소령 전역

병적증명서		용도	☐ 공직자(등)신고용 ☑ (제출 　　)	처리기간 (즉시)

인적사항	성 명	차주찬	주민등록번호	3307
	주 소			

군복무마친사람	군별	계급	군번	역종
	육군	소령	134174	퇴역
	병과(주특기)	입영(입관)년월일	전역년월일	전역구분(사유)
	보병	1953.12.26	1971.06.30	원에 의한 전역
	군경력기술	입교: 1953.05.03 사병입대: 1951.01.04~1951.04.15(군번:5177000027)		

발행번호	병역법 시행규칙 제8조의 규정에 의하여 위와 같이 병적을 증명합니다. 2006년 06월 26일 서울 지방병무청장
51093	
유효기간	
무기한	

결사 유격 제12연대의 출동

1951년 2월 7일 강원도 명주군 강동면 지내 최전방에서 육해공군 총참모장 육군소장 정일권은 적 후방지역으로 침투할 결사 유격 제12연대 출동장병 330명을 사열하고, 훈시를 통해 「조국의 자유와 평화를 위해 최후의 1인까지 멸사보국할 것을 강조하고, 귀관들이 임무를 완수하고 돌아오면 2계급 특진과 함께 최고무공훈장을 줄 것이며, 희망하는 부대에 배속하고, 가족은 국가가 보호한다」라고 역설, 장병을 격려하고 있다.

중앙 육해공군 총참모장 정일권 소장, 육군본부 미8군 정보연락장교단 단장 육군중령 이극성(예비역 준장), 정일권 뒷편, 수도사단장 송요찬, 고문관 하우스만 중령(담배) 등이 보인다.

1951. 2. 7. 적진을 향해 출동할 결사 유격 제12연대 장병 330명의 침투작전을 격려·지원하기 위해 육해공군 총참모장 육군소장 정일권과 미 군사고문단 하우스만 중령, 제1군단장 김백일 장군, 수도사단장 송요찬 등 지휘부, 그들이 사열할 때, 북한군 복장을 한 장병이 멘 총대에는 태극기가 선명하게 걸려있다.

결사 유격 제12연대의 출동

<1951년 2월 7일, 강원도 명주군 강동면 강동지서 앞> 사열관 좌 제1군단장 김백일 장군, 하우스만 중령, 정일권 소장, 뒷편 송요찬 수도사단장, 북한군 복장을 한 장교가 사열관을 맞고 있다.

1951. 2. 7. 적 후방에 침투할 결사 유격 제12연대의 보급 지원을 이극성 중령으로부터 보고받고 있는 정일권 육해공군 총참모장

육군본부 미8군 정보연락 장교단 단장 육군중령 이극성(중앙)을 중심으로 북한군 복장을 한 이두병 임시소령(아래), 장철익 임시대위(다발총) 등이 보인다.
촬영 : 1951. 2. 7.
곳 : 강원도 명주군 강동면 강동리

1951. 3 하순경 아군이 노획한 적의 문서
(빨치산 제5지대에 대한 金日成 命令書)
김일성 명령서

내용은 다음과 같다.

(주) 이 문서는 1951. 3月 18日 아 유격대(육군본부 직할 결사대)가 유격 제 5지대장 겸 빨치산 사령관 인민군 중장 吉元八(길원팔)을 생포·노획하여 채명신 중령이 보고한 것이 1951. 4. 11. 제101호에 편철된 것으로 보아, 1951. 4. 7. 육군본부에 보고한 것으로 추정되는 것임.

① 제 5유격지대 편성
  a. 길원팔 부대
  b. 丹城(DQ0003), 山淸(CQ9819) 地區의 慶南部隊
  c. 淸道(DQ7344) 地區에 獨立遊擊中隊

② 第5 遊擊支隊長 ~ 길원팔   政治部支隊長 ~ 남경우

③ 활동 구역
  ㄱ. 第1거점 - 淸道 雲門山 (EQ0042)
  ㄴ. 第2거점 - 智異山 (CQ8519)
  ㄷ. 第3거점 - 팡요산
  ㄹ. 청도, 울산, 동래, 밀양, 마산, 김해, 단성, 산청지구 에서 활동 할 것

④ 전투 임무
  ㄱ. 地雷埋設, 橋梁破壞및 釜山~淸道, 釜山~慶州(EQ2067) 三浪津(DQ8525)~馬山(CP6095) 間의 大道路 및 我運輸 部隊에 대한 襲擊
  ㄴ. 釜山에서 馬山, 大邱, 慶州 間의 鐵道 鐵橋破壞 및 軍用列車 襲擊
  ㄷ. 淸道(DQ7344) 삼성현 톤넬破壞 및 後方補給物資의 燒却 破壞
  ㄹ. 釜山, 密陽(DQ7827), 慶州, 大邱, 淸道, 昌寧(DQ5534) 丹城, 山淸, 金海 等地의 地方行政機關의 破壞
  ㅁ. 釜山鎭 機關區, 釜山 西面倉庫, 三浪津~馬山 間 洛東江 鐵橋, 龜浦, 金海(DP9098) 間 洛東江鐵橋, 密陽 武器倉庫등의 破壞
  ㅂ. 襲擊組를 組織하여 金海, 蔚山 등의 飛行場破壞, 釜山, 金海, 蔚山 등의 港灣施設破壞

  ㅅ. 我軍 後退時에는 密陽, 昌寧(DQ5534), 蔚山(EQ2934) 을 占領하고 大道路 分岐點에는 埋伏組를 潛伏시킬것
  ㅇ. 政治工作隊를 派遣하여 良民包攝工作의 强化
  ㅈ. 적의 主力部隊가 南下 侵入 接近時에는 互相 配合하여 第1.2.3(慶北) 4(全南北) 6(各支隊와 緊密한 連絡構成

⑤ 各遊擊 支隊長은 每日二次式 無電으로 戰況 報告를 하고 一週日에 一次式 連絡軍官으로 書面 綜合報告를 나에게 (金日成) 提出할 것

⑥ 第5支隊 慶南部隊의 活動 區域
  ㄱ. 山淸, 丹城, 晉州 一帶를 - 第1戰鬪地域을 構成 據點은 智異山
  ㄴ. 馬山, 咸安(DP4798), 宜寧(DQ8207), 昌原(DQ6501) - 第2戰鬪地區로 據點~西北山(DP4892)에 두고 山淸, 丹城, 晉州, 馬山, 咸安, 宜寧(DQ3207) 昌原地區에서 活動할 것

⑦ 第5支隊 吉元八 直屬部隊의 活動 區域
  淸道, 密陽, 三浪津一帶~第3戰鬪地域으로 構成
  據點 - 雲門山(EQ0042)
  蔚山, 彦陽(EQ1235), 南昌(EP2519), 梁山(EQ0312)
  - 第4戰鬪地域   據點 - 고련산, 금방산

⑧ 特殊工作隊 組織派遣에 관하여
  我後方攪亂및 暴動 其他目的으로 第5遊擊支隊는 馬山(CP6095)에 9名, 鎭海(DP7089)에 9名, 안下里에 3名, 金海(DP9098)에 6名式 各各 特殊 工作隊를 潛入시킨다 함.

유격대의 51년 당시의 기록

▶ 51년도 전투 정보 보고 (Ⅱ급 비밀문서 고 에서)

■ 유격 제12연대 귀환병 보고

國軍 第1 軍團 戰區
國軍 首都 師團 正面

我遊擊 12연대 所屬 歸還兵 報告에 의하면 유천 DS 6669를 向하여 行軍中 E과 遭遇하여 交戰하였고 五台山에서는 약 30분간 敵과 交戰하여 1명의 捕虜를 획득하여 我CAV 연대에 引繼하였다 한다. 그후 동연대는 매봉산 DS 6191 부근에서 敵으로 誤認한 我軍에게 射擊를 받았고 조개리 DS 5888 부근에서 我軍飛行機에게 攻擊을 받아 分散되었다 한다.

■ 유격대장의 진술

國軍 第3 軍團 戰區
國軍 第7 師團 正面

陸軍本部에서 浸透시킨 我遊擊隊長이 3연대장에게 陳述한 바에 의하면 我遊擊隊는 3월 24일 頃 雪岳山 DT5318 부근에서 E 약 1개 師團과 交戰 하였다고 한다.

■ 유격 제11연대 3중대장의 진술

國軍 第3 軍團 戰區
國軍 第7 師團 正面

021530 我遊擊 第11 聯隊 第1 大隊 第3 中隊長 陳述에 의하면 雪岳山 DT 5418에 있는 敵은 中共軍이 아니고 所屬不明의 敵 약 1개 師團이라고 하였다.

■ 신배령 공습의 공군 보고

국군 제 3군단 제7사단 정면 2월 정보보고서에서 "22~23일 야간에 DS 5633 부근에 약 700명의 적을 보았고, 공군도 DS 5633 부근에서 아침에 적을 목격했다고 한다."라는 보고가 있다.

■ 구룡령에서 노획한 69여단의 기록

<한국 전쟁사> 4집 제 39장 동부지구 반격작전 p. 638에 의하면, 「수도사단」"사단에서 노획된 적 문서에 따르면, 제 69여단 병력은 2월 20일(확인 3. 10) 현재 5,403명이며, 그 중 군관 536명, 하사관 383명, 전사가 3,550여 명으로 구성되어 있었다고 한다." 라는 등으로 기술하였는바, 이는 전인식 대위가 생포·노획한 적 69 여단의 전투상보를 수도사단에서 인계받은 기록이 분명하다.

■ 필례지구에서 (吉元八 생포작전)

<한국전쟁 사료 전기정보보고> 56호에 의하면, "국군 3사단 전면에 '장티푸스'가 만연되어 1개 중대에 10명의 환자가 발생하고 있다." 한다. 1951년 4월 7일 채중령이 육군본부에 지참 보고한 것이 한국전 당시의 주요 정보보고서철에 편철된 "정기정보보고" "1951. 4. 11 제101호" 육군정보국 G2 비밀문서 창고에서 발굴한 吉元八에 대한 金日成의 작전 지령문은 별면과 같다.

■ 용대리 최종점에서

<한국전쟁사> 제4집 제39장 동부지구 반격작전 1951년 3월 24일자 정보보고에서 적 제32사단이 함남 덕원부근에서 일선 증원차 남행중이라는 정보로 미루어, 3월 23일 04시 백골병단과의 접전은 인제방면으로 남하 중에 있던 적 32사단으로 판단된다.

■ 단목령에 집결 중인 북한군

<한국전쟁, 제3사단 18연대 정기정보보고> 제92호 p.984 및 p.1,024에 의하면, "국군 제 3사단 전방에 북괴군 1개 사단이 오색리에 집결하고…"로 기록되어 있는 것으로 미루어, 이곳에 집결 중에 있던 놈들은 북괴 10사단의 병력으로 추정된다.

■ 상치전 최종점에서

<한국 전쟁사> 정기정보보고 84호 p.864~5 및 86호 p.885, 88호 p.961 등에서 적 2, 3군단 예하 주력부대 모두가 3월 27일~29일 사이에 현리, 박달재, 서림리(西林里) 방면 등 3방면으로 퇴각한 것이 판명되었다.

1951년 4월 5일 사선을 돌파하고 개선한 육군본부 직할 결사대(백골병단) 결사 제11연대 장병 일동 (강릉소재 도립병원 광장에서) (사진제공 대위 전인식)

1961년 8월 23일 제명신 소장이 초청한 배골배들단 참전전우 일동이 을지로 3가 소재 일식당 "새마을"에서 참전·개전 10년 만에 자리를 함께 했다. 이날 오찬 후 별도 모임에서 유격군 참전전우회를 전인식 등이 발기했다.

참전개선 36년만에 추모제를

1987년 4월 3일 참전개선 36년만에 양양군 서면 오색리 남쪽 단목령 입구 숲속에서 병풍에 전사자명을 써 붙이고, 추모위령제를 처음으로 거행하였다.

※ 이때 사용한 병풍 지방은 백골병단 역사 기념관에 보존·전시되어 있다.

병풍에 전사자명을 써 붙이고 제물을 차려 놓았다.
전사자 321위라고 했으나, 364위가 맞다.

독축을 하는 전인식 회장

일동이 참배하고 있다.

이날 12연대장 임시소령 이두병 (우에서 3번째)이 참석했다.
앉아 있는 가운데 전인식 회장

전사통지서

수신인: 전인식

임시대위	현규정	51. 3. 26. 전사	89. 7. 29. 통지
임시소위	이하연	51. 3. 26. 전사	89. 7. 29. 통지
이등중사	이완상	51. 3. 26. 전사	89. 7. 29. 통지
임시중위	정세균	51. 3. 27. 전사	89. 5. 3. 통지
임시소위	윤 홍	51. 3. 23. 전사	89. 7. 29. 통지
임시소위	이종삼	51. 3. 23. 전사	89. 7. 29. 통지
이등중사	서일택	51. 3. 23. 전사	89. 7. 29. 통지
이등중사	홍순선	51. 3. 23. 전사	89. 7. 29. 통지
이등중사	김양환	51. 3. 23. 전사	89. 7. 29. 통지
이등중사	박희영	51. 3. 23. 전사	89. 7. 29. 통지
이등중사	강문석	51. 3. 23. 전사	89. 7. 29. 통지
이등중사	이상욱	51. 3. 25. 전사	89. 7. 29. 통지
이등중사	류동식	51. 3. 미상 전사	89. 7. 29. 통지
이등중사	이영업	51. 3. 26. 전사	89. 7. 29. 통지
이등중사	서두생	51. 3. 미상 전사	89. 7. 29. 통지
임시소위	박만순	51. 3. 26. 전사	90. 2. 통지
이등중사	박종만	51. 3. 23. 전사	89. 7. 29. 통지

89-15 호   유가족보관용

전사통지서

전인식 귀하

본적: 평남
소속: 결사11연대   계급: 임시대위
군번: 성명: 현규정
생년월일: 19 년 월 일

이 기느 1951 년 3 월 26 일

군경합동 안장의식 통지

귀하의 전우께서 애석하게 전사 하신데 대하여 충심으로 애도를 표하옵고 삼가 고인의 명복을 빕니다.

고 육군 이등중사 이 완상 의 안장의식을 아래와 같이 거행하오니 꼭 참석하여 주시기 바랍니다.

- 일 시: 1990년 8월
- 장 소: 대전국립묘지
  (대전직할시 유성구)
- 안내전화: (直) (042)
  (交) (042)

국립묘지관리소 대전

※ 안장의식 시간계획: 뒷면 참조바랍니다.

군경합동 안장의식 통지

귀하의 전우께서 애석하게 전사 하신데 대하여 충심으로 애도를 표하옵고 삼가 고인의 명복을 빕니다.

고 육군 임시소위 이 하연 의 안장의식을 아래와 같이 거행하오니 꼭 참석하여 주시기 바랍니다.

- 일 시: 1990년 8월 30일 13시
- 장 소: 대전국립묘지 현충관
  (대전직할시 유성구 갑동 산23-1)
- 안내전화: (直) (042) 822-2502, 2503
  (交) (042) 822-0026, 2201

국립묘지관리소 대전분소장

※ 안장의식 시간계획: 뒷면 참조바랍니다.

추가 21면 있음

결사 제11연대 제1대대 개성정병의 모습
때 : 1951. 4. 3. 곳 : 강원도 강릉시에서

1951. 4. 5. 강릉에 개선한 결사 제11연대 장교 일동
이만우·김영도 중위, 장용문·류탁영·박종황 소위 등

1989. 3. 4. 인제군 북면 용대리 전적비터잡이 산 250 에서

눈이 70 cm 싸인 험한 산악이었다. 벙커를 주의 깊게 살피는 전인식 참전 전우회장

대형트랙터에 실려온 불도저가 현장에 투입되고 있다.

전적비 건립 위치에 도착한 트레일러와 불도저

눈 속에서 불도저가 지신제를 지낼 자리부터 밀어내고 있다.

지신제를 지내기 위해 제물을 준비하고 있다.

눈 속에 선 전인식 참전 전우회장

육군대위 (고)현규정 외 2인의 영결식

1989. 12. 13. 현리 기린병원에서 영결식을

1951년 3월 25일 설피밭 퇴출 작전에 투입된 결사 제11연대 제1대대장 현규정 대위 등 30여 명의 장병 중 희생된 유해 3구를 38년만인 1989년 4월 25일 발굴했다. (영결식 1989. 12. 13. 14시)

격전지(단목령) 전우의 유골을 찾아서
(1989. 4.22 ~ 23 인제군 기린면 진동리에서)

단목령(인제군 기린면 진동리 설피밭 야산에서 유골탐방 개토제에서 전인식 회장의 조사)

1989. 4. 26. 유골탐방 개토광경
(현규정 대위, 이하연 소위, 이완상 병장이 이곳에서)

유해 대전 국립묘지 안장

1990년 8월 30일 대전 국립현충원 장교묘역과 사병묘역에 고 현규정 대위와 고 이하연 소위, 고 이완상 병장이 안장되었다.

1993년 11월 18일 대전국립현충원을 예방한 전인식 회장과 권영철 부회장이 고 이완상 병장의 묘소를 참배하고 있다.

1987년 3월 이후 백골병단 참전전우 일동은 동작동 국립현충원을 참배하여 전몰장병과 순국선열을 추모하였다.

백골병단 결사 제11연대 김원배 대위 외 5인의 위패를 전사한 지 49년 6개월만인 2000년 8월 7일 서울 국립현충원에 봉안하고 참전전우 일동이 헌화 분향하였다.

1988. 9. 11. 부터 격전지에서 전우의 유해를 발굴한 1989. 4. 26. 까지 전인식 전우회장의 발자취
= 참전전우회의 지나간 발자취를 찾아서 =

1951년 강원도 영월에서 적진후방으로 침투한 결사 제11연대를 중심으로

 1951년 1월 30일 대구 소재 육군 제7훈련소 정보학교(情報學校)에서 훈련을 마친 육군본부 직할 결사 유격 제11연대 장병 363명은 강원도 영월군 영월읍 내에 있는 양조장 자리(당시 육군 7사단 OP)에서 출동명령을 받고, 같은 날 22시 출발, 뒤에 보이는(사진) 봉래산을 우(右)로 끼고 계곡을 통하여 사진에서 보는 구름 낀 곳을 거쳐 적진 후방으로 침투하였다.

 이 사진은 1989년 5월 13일 육군 제1야전군사령부를 방문하고 이곳을 38여년 만에 다시 찾아와 한 장의 기념사진을 남겼다. 옛날의 모습이 아련하게 떠오른다.

 1988년 9월 12일 촬영한 군량밭 분교의 모습.

 1951년 3월 16일부터 3월 20일까지 사이에 이곳 인제군 기린면 가리산리(군량밭)에서 유격전을 전개하였던 고장이다.

 1951년 3월 17일에는 이곳보다 동북방에 위치한 필례 마을에 주둔 중에 있던 대남 빨치산 총사령관 북괴군 중장(中將) 길원팔(吉元八)과 참모장교 강칠성(姜七星) 총좌 등 일당 13명 전원을 생포하여 북쪽의 작은 계곡에서 1951. 3. 19. 생포한 적 50여명 모두를 군법에 따라 처치한 고장이기도 하다.

추가 17면 있음

경향신문　1986년 6월 25일 수요일　3판

6·25유격대 제1호 '白骨兵團'

대통령特命으로 조직…35年만에 戰史 새기록

人民軍위장 南北오가며 숱한 攪亂戰벌여

설악戰鬪때 데려온 北傀중장 아들 大學교수로 自進투려

하루밤에 60~100里 이동
극비문서 노획…敵연대병력섬멸
退路막히면 自爆도 不辭

1987. 8. 7. 채명신 장군이 일본에서 전인식에게 장문 (2,000자 상당)의 친서신으로 51년 당시를 설명하였다.

親愛하는 全仁植 同志에게

정말 오래간만입니다. 그동안은 全同志와 同志의온 家族이모두 平安하신지요? 이곳, 나와 나의 家族들은 모두 잘있습니다. 全同志가 보내준, 못다 되검은꽃! 冊子는 내가 세미나 等 관계로外고 旅行에서 도라와 五月에야 겨우 읽었습니다. 뜻은 2冊을 글읽었다는 서울의 某人士(越南戰에도 參戰하고現在도 在外方한(군속에있는))와 도著한 반드 시 라 兩 卷力을 담은 書信을 받은바 있는바, 그 內容을 要約하면,

① 民間靑年에게 5~6個月의 陸軍基本訓練 (能熟한 敎官과 敎室및에서 각 兵 종에 의해 組織的인) 을 받어야 겨우 一等兵의 資格을 付与할수 있음은, 世界各國의 거의 共通 的인 原則임.

② 特히 游擊戰같은 特殊戰을 하려면 基本訓練外에 3~4 個月의 特殊訓練을 받어야 겨우 末端의 游擊戰士 로 參戰이可能하는 거의 共通的인 世界的인 原則임.

③ 하물며 游擊戰의 將校는, 正規將校에게 3~6個月의 將校로서의 游擊戰에 相應한 特殊訓練을 받어 야 되는것이며 이것도 世界的인 거의 共通性임.

④ 軍經驗이 全혀 없는 民間人에게 20 수日 訓練시켜 游擊 戰에 參戰 시켰다는것, 正規戰으로는 想像할수도 없는 것이며 더욱이 民間人에게 20日동안 訓練시켜 將校로 게 游擊戰에 參戰 시켰다함은, 정말 황당무게! 도대체 精神과 知識의 有無가 의심스러운것!

⑤ 作戰參謀라는 직책도 우습지만, 더 敎育받은것이 없다고 뒤늦게 그것 이, 作戰參謀 였다니 自隱으로 채운 將軍! 같은것이 統率의 본 姿勢

추가 4면 있음

2018년도 참전전우회 회원들 (무순)

 전인식 (11R)
 차주찬 (11R)
 송세용 (12R)
 임동욱 (11R)

 홍금표 (11R)
 장지영 (11R)
 권태종 (11R)
 윤경준 (11R)

 김항태 (11R)
 서인성 (13R)
 김용필 (12R)
 안병희 (12R)

 고제화 (13R)
 김중신 (11R)
 최희철 (11R)
 최윤우 (11R)

 김송규 (12R)
 황태규 (11R)
 박승록 (11R)

1986. 8. 8 못다핀 젊은 꽃 출판기념회
<장소 : 프레스 센터 20층 국제회의장>

전인식의 인사말

박원근 반공연맹 이사장의 격려사

내빈과 참전전우 일동의 국민의례광경

오랫만에 처음 상봉한 전우

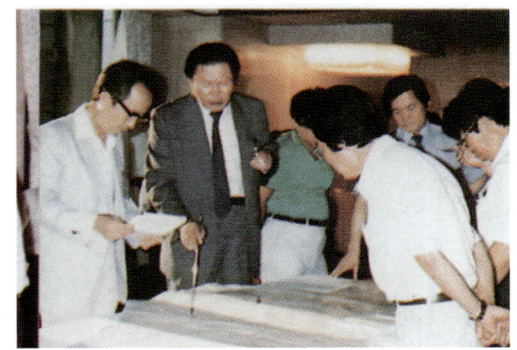
작전지도를 살펴보는 전우들

참전 당시의 문건과 증거물 등 전시물을 살핀다

1988. 4. 3. 단목령 입구 추모제에 경주에서 참석하신 허은구 소위의 형님이신 재구씨가 동생의 영전에 고하고 있다.

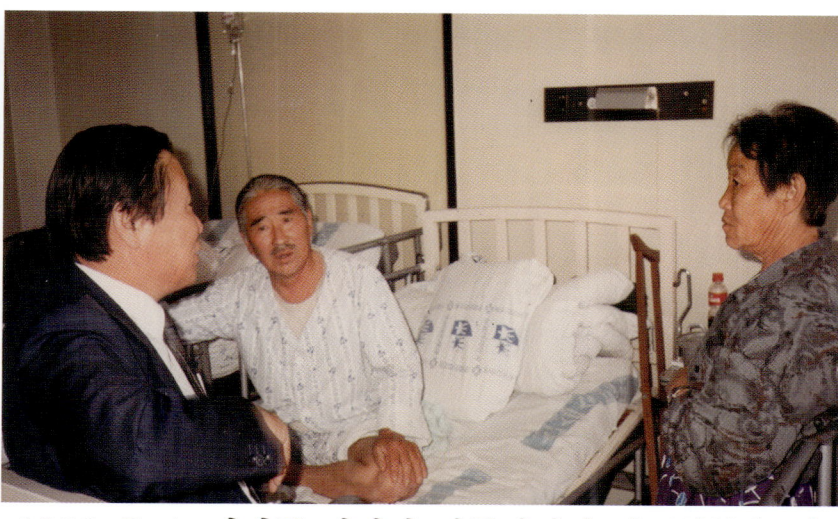

1989. 5. 4. 인제군 기린면 진동리에서 반공활동을 한 최기식(춘천 한림대병원 입원 중) 씨를 문병, 문안 방문하여 증언을 듣는 전인식 회장

강원도 인제군 기린면 진동리 단목령(박달령) 기슭에서 전몰장병의 유해 발굴을 하고 있다.

유해 발굴 전에 현지 설명을 하는 전인식 회장

지신제에 앞서 고유하는 전인식 회장

감격에 겨워 잠시 행동을 멈춘 전인식
군인 右는 백행기 중령(대대장)
회색 민간인은 설피밭 거주 최씨
6.25 당시 1군단 첩보요원이었다 함.

"白雪의 長征 출판기념회"
전 인식 저 1988. 4. 1. 서교호텔 대 연회장

채명신 장군의 축사 광경 저자 전인식 교수의 인사말

좌 이두병 12연대장
중앙 채명신

참전 전우들의 담소광경

신효군, 최윤식, 채명신 장군 양재호 대위, 채명신 사령관,
이두병 12연대장

= 2004. 9. 3. 6·25 특수작전 공로자 예우에 관한 법률의 제정 투쟁 회의 광경 =

회의에서 발언하는 고제화 회원

회의에 참석한 회원들

회의에 참석한 김용필·임병화 회원

회의에 참석한 류탁영 회원

회의에 참석한 김송규 회원의 서명 모습

회의에 참석한 장덕순 회원(뒤 모자)

= 2004. 11. 24 ~ 30. 전적지 순례 =

> 백골병단 참전전우 25명이 대형 버스로 강원도 영월군 읍을 시작으로
> 정선·평창·영월·강릉·인제지구를 탐방하다

월정사 입구에서
고제화 · 전인식 · 송세용

정선 강원랜드에서
참가자 일동이

2004. 11. 26. 전적지 순례에서
명주군 강릉 사기막리에서

2004. 11. 29. 사기막리에서
결사 11연대

2004. 11. 24. 영월읍 출발 일동의
기념촬영

2004. 11. 30. 전적지 순례 종점인 용대리 전적비 앞에서
제례를 지내다

江原日報

西紀1989年12月16日 土曜日

殺身報國 3인 38年만에 永訣式

週末화제

육군산악군단 기린병원서 거행

6·25때 백골병단 將兵 장렬히 산화

생존 戰友·軍 끈질긴 노력 유골찾아

1951.3.25 강원도 인제군 기린면 진동리(설피밭)에서 전사한 (고) 현규정 대위(결사11연대 1대대장)외 2인의 유골을 1989. 7.13 발굴하고 육군 장례의식 절차에 따라 1989.12.13 현리 제3군단 기린병원에서 영결식이 엄수 되었다.
〈강원일보8단기사〉

사한 국군 최초의 정규 유격대원 3명의 유골이 발견돼 전우들에 의해 38년만에 영결식을 갖고 양지바른곳에 묻혀졌다.

○…6·25당시 백골병단으로 활약하다 장렬하게 전사한 육군산악군단 기린병원 지난13일 오후2시 육군산악군단 기린병원 연병장에서 거행된 故 玄圭正대위와 李夏淵소위 李完상중사의 영결식장은 시종일관 소리없는 흐느낌속에 식이 이어졌다.

식장에 참석한 행사가 끝날때까지 아무말도 나누지 않았다.

식이 성행하며 끝내 울음을 참지 못했다.

대한유격참전동지회 全仁植회장과 참전용사 20명 관계자 장병등 3백여명의 군인결사 11, 12, 13연대들 통하여 백골병단(6백40명)소속 참전용사들 모아 창설된 백골병단을 지휘관으로 조국의 적후방 깊숙히 침투, 적의 강력한 추격을 받아 쌓여있는 눈속에서

이들은 설악산과 오대산 일원 진동리전투(51년3월20~26일)에서 찬란한 산화를 하는 현장을 목격한 故玄裕淵소위 59·인제군기린면북리) 소속 유격대원

植희장과 참전용사 20명 이 위기에 놓였던 51년2월 곤란시키고 정보를 수집, 보급여명의 중순 육군본부 직할 유격대로 고함으로써 안 작전에 크게 기여했다.

그러나 50여일간 단 한번의 추가보급도 받지못한 상태에서 전개된 설악산 발달령 박달령등 양양·인제군 일원에서 활약에서 적의 강력한 추격을 받아 쌓여있는 눈속에 있었다.

유골은 진동2리산7번지 숲속에서 불과 30cm 깊이에서 발견됐다.

유골과 함께 수류탄, 단추와 버클등 유품이 발견돼 당시 참전했던 동지회 단원들에 의해 故玄대위등임이 확인 됐다.

대한유격참전동지회 숲仁植회장과 동지들은 설악산에 살신보국한 유격대원 3백여명의 유해가 돌보는이 없이 묻혀있는 이들의 모두를 양지전승탑의 대한유격참전동 지회와 1군사령관의 적극적인 후원이 본격적인 발굴활동을 갖기로 하고 있어 한반도 전체에 자유민주주의의 꽃을 먼저 피우려 용사들의 영령은 산화한 불퇴진 용사들의 영령은 이 전쟁에 용사들의 영령은

여 할아버지 산악을 떠나 故李완상 李하연소위 추흥산을 빛을, 설오봉을 위해 꿈도 꾸다 20대의 꽃다운 나이에 피어나고 있다며 가슴 아파했다.

이날 영결식을 가진 故玄대위 故李소위 李상중사의 영령은 이들이 떠 산화한 불퇴진 용사들의 영령은 이 전쟁의 원한을 달래주 "전승탑"으로 다시 세워질 것이다.
【東部前線=全相壽기자】

◇6·25때 백골병단으로 활약한 故玄圭正대위 李夏淵소위 李完상 중사의 영결식이 38년만에 거행

☑ 6·25전쟁 중 적 후방지역 작전수행 공로자에 대한 군 복무인정 및 보상 등에 관한 법률

(2004. 3. 22. 법률 제7200호)

제1조 【목 적】 이 법은 6·25전쟁 당시 적진 후방지역에서 특수작전을 수행한 자에 대한 군복무인정 및 보상에 관한 사항을 규정함을 목적으로 한다.

제2조 【정 의】 이 법에서 사용하는 용어의 정의는 다음과 같다.
1. "특수작전"이라 함은 1951년 1월부터 동년 4월 사이에 당시 적진 후방지역인 강원도 영월·평창·인제·양양군 일대에서 지휘소습격, 시설파괴, 보급로파괴 및 첩보수집 등 적군의 후방교란을 위하여 수행된 작전을 말한다.
2. "공로자"라 함은 1951년 1월 육군정보학교에 입교하여 특수군사훈련을 받은 후 국방부장관으로부터 임시로 장교·부사관 또는 병의 계급 및 군번을 부여받고 육군본부직할결사대 소속으로 특수작전을 수행한 자로서 제3조제1항제1호의 규정에 의하여 공로자로 인정된 자를 말한다.
3. "유족"이라 함은 공로자로서 사망하거나 사망한 것으로 인정된 자의 민법에 의한 재산상속인을 말한다.

제3조 【특수작전 공로자 인정 심의위원회】 ① 공로자의 군복무인정 및 보상 등에 관한 다음 각호의 사항을 심의·의결하기 위하여 **국방부장관 소속하에 특수작전공로자 인정심의위원회**(이하 "위원회"라 한다)를 둔다.
1. 공로자 또는 유족에 해당하는지의 여부에 관한 사항
2. 공로자의 군복무 인정 등에 관한 사항
3. 공로자 또는 유족에 대한 보상금 및 공로금의 지급에 관한 사항
4. 공로자관련 단체의 지원에 관한 사항
5. 그 밖에 군복무인정 및 보상 등과 관련하여 대통령령이 정하는 사항
② 위원회는 위원장 1인을 포함한 9인 이내의 위원으로 구성한다.
③ 위원은 **학식과 경험이 풍부한 자와 관계공무원중에서 대통령령이 정하는 바에 따라** 국방부장관이 위촉 또는 임명한다.
④ 그 밖에 위원회의 구성 및 운영에 관하여 필요한 사항은 대통령령으로 정한다.

제4조 【군복무기간의 인정 등】 공로자가 특수작전을 수행한 기간(특수작전 수행을 위한 훈련기간을 포함한다. 이하 같다) 및 특수작전 중 부여받은 계급은 군인사법·병역법 등 관계법령(연금·퇴직금 및 퇴직급여금 관계법령을 제외한다)에 의한 **6·25전쟁 당시의 현역군인으로서의 복무기간 및 계급으로 인정한다.**

제5조 【서 훈】 특수작전을 수행한 기간 중 **무공을 세운 공로자에게는** 상훈법에 의하여 훈장 또는 포장을 수여할 수 있다.

제6조 【보상금 및 공로금】 ① 공로자 또는 유족에게는 제4조의 규정에 의하여 인정된 해당계급의 6·25전쟁 당시의 보수월액에 평균복무기간인 8월을 곱한 후 이를 현재가치로 환산한 금액을 보상금으로 지급한다.
② 공로자 또는 유족에게는 제1항의 규정에 의한 보상금 이외에 위로금 성격의 공로금을 지급할 수 있다.
③ 제1항 및 제2항의 규정에 의한 보상금 및 공로금(이하 "보상금 등"이라 한다)의 **지급범위와 금액의 산정, 지급방법 등에 관하여 필요한 사항은 대통령령으로** 정한다.

제7조 【유족의 권리】 유족은 민법의 상속규정에 따라 보상금등의 지급을 받을 권리가 있다.

제8조 【보상금등의 지급신청】 ① 공로자 또는 유족으로서 **보상금등을 지급받고자 하는 자는 대통령령이 정하는 바에 따라 관련증빙서류를 첨부하여** 서면으로 위원회에 보상금등의 지급을 신청하여야 한다.
② 제1항의 규정에 의한 보상금등의 지급신청은 **이 법 시행 후 1년 이내에 하여야** 한다.

제9조 【지급 결정】 위원회는 **보상금등의 지급신청을 받은 날부터 5월 이내에** 그 지급여부와 금액을 결정하여야 한다.

제10조 【결정서의 송달】 ① 위원회가 보상금등을 지급하거나 지급하지 아니하기로 결정한 때에는 지체없이 그 결정서정본을 보상금등의 지급을 신청한 자(이하 "신청인"이라 한다)에게 송달하여야 한다.
② 제1항의 송달에 관하여는 민사소송법의 송달에 관한 규정을 준용한다.

제11조 【재 심의】 ① 제9조의 규정에 의한 위원회의 결정에 대하여 이의가 있는 신청인은 제10조의 규정에 의한 결정서정본을 **송달받은 날부터 30일 이내에** 위원회에 재심의를 신청할 수 있다.
② 제1항의 재심의 및 송달에 관하여는 제9조 및 제10조의 규정을 각각 준용한다. 이 경우 제9조 중 "5월"은 "3월"로 본다.

제12조 【보상금등의 지급 등】 ① 제10조의 규정에 의한 결정서정본을 송달받은 신청인이 보상금등을 지급받고자 할 때에는 그 결정에 대한 동의서를 첨부하여 위원회에 보상금등의 지급을 신청하여야 한다.
② 그 밖에 **보상금등의 지급절차 등에 관하여 필요한 사항은 대통령령으로** 정한다.

제13조 【보상금 등에 대한 권리보호】 보상금등의 지급을 받을 권리는 이를 양도 또는 담보로 제공하거나 압류할 수 없다.

제14조 【결정 전치주의 등】 ① 보상금등의 지급에 관한 소송은 위원회의 결정을 거친 후가 아니면 제기할 수 없다. 다만, 보상금등의 **지급신청이 있은 날부터 5월이 경과된 때에는** 그러하지 아니하다.
② 제1항의 규정에 의한 소의 제기는 결정서정본(재심의결정서정본을 포함한다)을 송달받은 날부터 60일 이내에 제기하여야 한다.

제15조 【보상금 등의 환수】 ① 국가는 보상금등을 지급받은 자가 다음 각호의 1에 해당하는 경우에는 그 보상금등의 전부 또는 일부를 환수하여야 한다.
1. 거짓 그 밖의 부정한 방법으로 보상금등의 지급을 받은 경우
2. 잘못 지급된 경우
② 제1항의 규정에 의하여 보상금등을 반환할 자가 해당 금액을 반환하지 아니한 때에는 국세체납처분의 예에 의한다.

제16조 【사실조사 등】 ① 위원회는 보상금등의 지급심사를 위하여 공로자 또는 참고인으로부터 진술을 청취하거나 필요하다고 인정하는 경우에는 조사를 할 수 있으며, 관계기관의 장에게 필요한 협조를 요청할 수 있다. 이 경우 관계기관의 장은 특별한 사유가 없는 한 지체없이 이에 응하여야 한다.
② 누구든지 보상금등의 지급 및 환수 등에 관하여 위원회에 자료를 제출하거나 자유롭게 진술할 수 있고, 그로 인하여 어떠한 불이익도 받지 아니한다.

제17조 【소멸 시효】 보상금등의 지급을 받을 권리는 그 지급결정서정본이 신청인에게 송달된 날부터 3년간 행사하지 아니하면 시효로 인하여 소멸한다.

제18조 【관련단체에 대한 지원】 국가는 공로자의 추모 등을 목적으로 설립된 **비영리법인 또는 단체에 대하여 예산의 범위안에서 사업비 등의 일부를** 지원할 수 있다.

제19조 【다른 법률에 의한 지급과의 관계】 공로자 또는 유족이 동일한 사유로 다른 법률에 의한 보상금을 지급받았거나 받고 있는 경우에는 제6조의 보상금등을 지급하지 아니한다.

제20조 【벌칙 적용에 있어서의 공무원의제】 위원회의 위원중 공무원이 아닌 위원은 형법 제129조 내지 제132조의 적용에 있어서는 이를 공무원으로 본다.

제21조 【벌 칙】 ① 거짓 그 밖의 부정한 방법으로 보상금등을 지급받거나 **지급받게 한 자는 3년 이하의 징역 또는 300만원 이하의 벌금에** 처한다.
② 제1항의 미수범은 처벌한다.

부   칙 <2004. 3. 22>

이 법은 공포 후 6월이 경과한 날부터 시행한다.

☑ 6·25전쟁 중 적 후방지역 작전수행 공로자에 대한 군 복무인정 및 보상 등에 관한 법률 시행령

(대통령령 제18583호 : 2004.11.11)

제1조 【목 적】 이 영은 6·25전쟁 중 적 후방지역 작전수행 공로자에 대한 군 복무인정 및 보상 등에 관한 법률에서 위임된 사항과 그 시행에 관하여 필요한 사항을 규정함을 목적으로 한다.

제2조 【특수작전 공로자인정 심의위원회 구성 및 운영】 ① 6.25전쟁 중 적 후방지역 작전수행 공로자에 대한 군복무 인정 및 보상 등에 관한 법률(이하 "법"이라 한다) 제3조의 규정에 의한 특수작전공로자인정심의위원회(이하 "위원회"라 한다)의 위원장은 국방부 인사국장이 되며, 위원회의 위원은 다음 각호의 자중에서 국방부장관이 위촉 또는 임명한다.
1. 관련분야에 학식과 경험이 풍부한 자
2. 국가보훈처 소속의 공무원으로서 국가보훈처장이 지정하는 자
3. 국방부소속의 장교 또는 일반직 공무원
② 위원회의 위원장(이하 "위원장"이라 한다)은 위원회의 업무를 통할하고, 위원회를 대표한다.
③ 위원장이 부득이한 사유로 그 직무를 수행할 수 없는 때에는 위원장이 미리 지명한 위원이 그 직무를 대행한다.
④ 위원회의 회의는 재적의원 과반수의 출석으로 개의하고, 출석위원 과반수의 찬성으로 의결한다.
⑤ 위원회에 그 사무를 처리하기 위하여 간사 1인을 두며, 간사는 국방부소속의 장교 또는 일반직 공무원 중에서 위원장이 임명한다.

제3조 【수당 등】 ① 위원회에 참석하는 위원에 대하여는 예산의 범위안에서 수당을 지급할 수 있다. 다만, 공무원인 위원이 그 소관업무와 직접 관련되어 참석하는 경우에는 그러하지 아니하다.
② 법 제16조의 규정에 의하여 위원회에 출석한 참고인 등에게 예산의 범위안에서 여비 및 실비를 지급할 수 있다.

제4조 【계급 및 군번부여와 병적관리】 법 제3조제1항의 규정에 의하여 위원회에서 **공로자로 결정된 자에 대하여는 계급 및 군번을 부여하고 육군에서 그 병적을 관리한다.**

제5조 【보상금 및 공로금】 ① 법 제6조제1항의 규정에 의하여 산정한 **계급별 보상금액은 별표와** 같다.
② 법 제6조제2항의 규정에 의한 **공로금은 그 계급에 관계없이 균등하게 지급하되, 1천만원을 초과하지 아니하는 범위안에서 위원회가 결정한 금액**으로 한다.

제6조 【보상금 등의 지급신청 등】 ① 법 제8조제1항의 규정에 의하여 보상금 및 공로금(이하 "보상금등"이라 한다)을 지급받고자 하는 자(이하 "신청인"이라 한다)는 **별지 제1호서식**에 의한 공로자인정 및 보상신청서에 다음 각호의 서류를 첨부하여 위원회에 제출하여야 한다. 다만, 전자정부구현을 위한 행정업무 등의 전산화 촉진에 관한 법률 제21조제1항의 규정에 의한 행정정보의 공동이용을 통하여 첨부서류에 대한 정보를 확인할 수 있는 경우에는 그 확인으로 첨부서류에 갈음할 수 있다.
1. 신청인의 주민등록등본 1부
2. 공로자의 병적증명서 또는 병역사항이 포함된 주민등록등본 1부
3. 특수작전수행 관련 각종 훈·포장증서 또는 표창장 사본(공로자가 훈·포장 또는 표창을 받은 경우에 한한다) 1부
4. 공로자의 호적등본 또는 제적등본(유족에 한한다) 1부
5. 별지 제2호서식의 공로자인정 및 보상신청 위임장(이민·입원 그밖에 부득이한 사유로 인하여 대리로 신청하는 경우에 한한다) 1부
6. 그 밖에 신청사유를 소명할 수 있는 증빙자료 1부
② 제1항의 규정에 의한 신청인이 이민·입원 그 밖에 부득이한 사유로 공로자인정 신청과 보상금등의 지급신청·수령을 직접 할 수 없는 경우에는 다음 각호의 어느 하나에 해당하는 자가 확인하는 별지 제2호서식의 공로자인정 및 보상신청 위임장에 의하여 대리인을 선임할 수 있다.
1. 이민 등 국외체류의 경우에는 해외공관의 장
2. 입원의 경우에는 그 의료기관의 장
3. 교도소 등에 수용된 경우에는 그 수용기관의 장
4. 그 밖의 경우에는 주소지 읍·면·동장
③ 제1항의 보상금등의 지급신청·수령에 있어서 유족의 경우에 동순위 재산상속인이 2인 이상인 때에는 **별지 제3호서식**의 유족대표자선정서에 의하여 유족대표자를 선정하여야 한다. 다만, 동순위 재산상속인간의 합의가 불가능한 경우에는 그러하지 아니하다.

제7조 【공로자 인정 및 보상결정】 위원회가 공로자인정 및 보상결정을 한때에는 다음 각호의 사항을 기재한 **별지 제4호서식**의 공로자인정 및 보상결정서를 작성하고, 위원회에 출석한 위원 전원이 서명 또는 기명 날인하여야 한다.
1. 신청인의 성명·주소 및 주민등록번호
2. 결정주문
3. 이유
4. 결정연월일

제8조 【결정서의 송달】 위원회가 보상금등을 지급하거나 지급하지 아니하기로 결정한 때에는 신청인에게 별지 제4호서식의 공로자인정 및 보상결정서 정본 2부와 별지 제5호서식의 공로자인정 및 보상결정통지서 또는 별지 제6호서식의 공로자인정 및 보상결정통지서(기각용)를 송달하여야 하며, 신청인의 대리인이 있는 경우에는 대리인에게 이를 송달하되, 신청인에게는 공로자인정 및 보상결정서 등본 1부를 송달하여야 한다.

제9조 【재심 신청】 법 제11조의 규정에 의하여 재심을 신청하고자 하는 자는 별지 제7호서식의 재심신청서에 재심사유를 증명할 수 있는 증빙자료를 첨부하여 위원회에 제출하여야 한다.

제10조 【동의 및 지급청구】 제8조의 규정에 의하여 공로자인정 및 보상 결정통지서를 받은 신청인이 보상금등을 지급받고자 하는 때에는 별지 제8호서식의 동의 및 청구서에 다음 각호의 서류를 첨부하여 위원회에 제출하여야 한다.
1. 공로자인정 및 보상결정서 정본 1부
2. 보상금을 지급받을 수 있는 금융기관의 거래통장 사본 1부
3. 신청인의 주민등록등본 및 인감증명서 각 1부

제11조 【보상금등의 지급기관】 위원회가 결정한 보상금등은 위원회가 지급하되, 그 실무는 국고(국고대리점을 포함한다)에 위탁하여 처리하게 할 수 있다.

제12조 【보상금등의 지급시기】 보상금등은 제10조 규정에 의한 지급청구가 있는 날부터 15일 이내에 지급하여야 한다.

제13조 【공고】 위원장은 **이 영 시행일부터 30일 이내에** 공로자인정 및 보상신청에 관한 다음 사항을 관보에 공고하고 **국방부의 인터넷 홈페이지에도 20일 이상 공고**하여야 한다.
1. 공로자 및 보상 대상
2. 신청인의 자격
3. 신청서 접수기관
4. 신청기간
5. 보상금등의 산정기준
6. 심사·결정절차
7. 구비서류
8. 그 밖에 신청·지급에 관하여 필요한 사항

제14조 【시행 세칙】 이 영 시행에 관하여 필요한 사항은 위원회의 의결을 거쳐 위원장이 정한다.

부 칙
이 영은 공포한 날부터 시행한다.

[별표] 계급별 보상금액(제5조제1항관련) (단위 : 원)

계 급	이등중사	일등중사	이등상사	소 위	중 위	대 위	소 령
보상금액	29,280	35,130	118,580	162,500	174,210	185,920	226,924

전우신문 1989년 12월 16일 (토요일)

39年만에 울려퍼진 鎭魂曲

─육군2307부대─ 「白骨兵團」전몰 용사 영결식

【현지서 최형익기자】

◆ 6·25당시 유격대원으로 활약하다 장렬하게 산화한 고 현규정대위, 이하연소위, 이완상이등중사의 합동 영결식이 국군현리병원에서 엄숙히 거행됐다.

6·25당시 유격대원으로 활약하다 장렬하게 산화한 고 현규정대위(임시) 이하연소위(임시) 이완상이등중사(추서)의 합동유해 영결식이 13일 유격참전동지회(회장 전인식) 회원 20여명과 육군2307부대 장병들이 참석한 가운데 국군현리병원에서 39년만에 엄숙히 거행됐다.

이들은 조국이 누란의 위기에 처해있던 51년 2월중순 육군본부 직할유격대인 결사 11·12·13연대를 통합 채명신중령(당시계급)을 지휘관으로 하여 창설된 백골병단(6백40여명)의 예하 돌격대원들이다.

전투가 계속되는 동안 50여일간 단한번의 보급도 받지 못한 상황에서 전개된 설악산 박달령 진동리전투(51년 3월20~26일)에서 적의 강력한 추격으로 1주일간 먹을것이 없어 눈(雪)만으로 연명하다 허기와 추위로 숨져간 1백20여명의 대원중 일부로서, 생존동지들의 끈질긴 노력과 부대장병들의 헌신적인 탐문수색으로 이날 3구의 유골을 모시고 39년이 지난 이날 영결식을 갖게된 것은 무척 의미있는 일이 아닐수 없다.

이들은 39년전 적후방 지역인 오대산 초계리 천도리 군양발 설악산등 강원도 양양군 및 인제군 일대에 침투하여 적 후방을 교란하고 정보를 수집 보고함으로써 아군작전에 크게 기여했으며 아무런 두려움 없이 조국을 위하여 자유를 위하여 끝까지 싸우다 20대의 꽃다운 나이로 산화한 불퇴전의 용사들이다.

1989. 12. 13 (고) 현규정 대위, (고) 이하연 소위, (고) 이완상 이등중사(병장)의 영결식 광경!! 이날 육군 장례 절차에 따라 육군 제3군단 기린병원에서 영결식이 엄수되었다 :
주관 : 육군 703특공연대(연대장 柳海權 대령) 참전전우 일동이 참가하였다. 전우신문(현 국방일보) 기사
※ 위 3위의 전우는 1989. 7. 13 강원도 인제군 기린면 진동리(일명 설피밭) 야산의 밭 너머 언덕 입구 지하 20cm 상당에서 발굴되었다.
이 부락에 거주했다는 주민 이동균씨의 제보에 따라 육군 제3군단 803정찰대대(대대장 백행기 중령)과 장병의 지원을 받은 참전전우 18명이 발굴에 참여했다. 이날은 공교롭게도 全仁植씨의 還甲날이기도 했다.

한 국 일 보 1989年 7月 6日 (5)

京鄕新聞 1986년 8월 8일 【5】

金仁植 설악동지회장
「못다핀 젊은꽃」출판기념회

金仁植 雪嶽同志會 회장은 최근 국군최초의 유격대로 설악산 오대산등지에서 혁혁한 戰功을 세운 白骨兵團(육군본부 정보국소속 결사유격대)의 血鬪를 그린 「못다핀 젊은꽃」을 출간, 8일하오 7시 프레스센터 20층 멤버스클럽에서 출판기념회를 갖는다.

◇오토바이를 타고 서울에 진입하는 북한군들. 이들은 언제든지 게릴라로 전환할 훈련을 받고있었다.

"성공"평가 제주4·3사건뿐 智異山·太白山 모두실패

北韓軍간부 빨치산많아 유격전 중시
國軍소홀…白骨兵團·동키부대는 "威名"

10m 거리서 총맞아

서울신문 1990년 7월 16일 【10】

순국 백골병단 위패 봉안
金仁植 대한유격참전동지회 회장은 17일 상오10시 서울 동작동 국립묘지에서 지난 51년 순국한 백골병단 출신 23명의 위패건립 봉안 추도식을 갖는다.

東亞日報 1990年 7月 13日 金曜日

龍垈里 窓岩

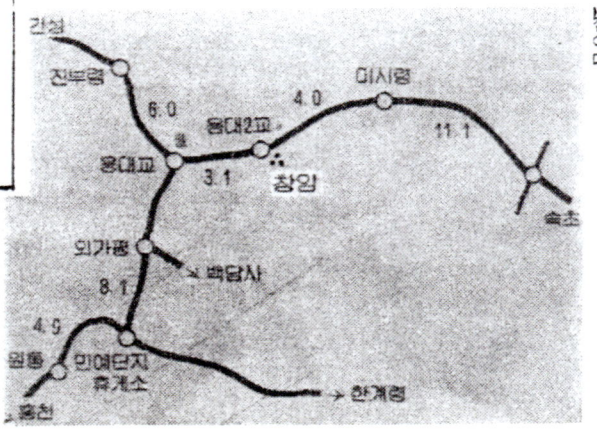

" 산업평화 이룩하여 경제난국 이겨내자 "

육 군 본 부

문서번호 : 군급 제 6049 호 1990. 6. 29.

수　　신 : 대한육격참전동지회장

제　　목 : 민원회신

　　1. 귀회에서 '90. 5.22일부로 당군에 청원하신 내용에 대한 회신입니다.

　　2. 청원하신 국립묘지 이장 및 위패건립 청원 24명중 22명에 대한 이장 및 건립이 조치가능하며, 조치불가한 "류동현"씨는 유가족의 청원에 의하여 기조치 되었으며 "이정구"씨는 전사통지서 미발급으로(전사 사실 확인불가) 건립 조치가 불가하오니 양지하시기 바랍니다.

　　3. 따라서, 귀회에서는 고인 "이정구"씨의 전사통지서 발급을 청원(충남 논산군 두마면 부남리 사서함 8호·민사협력과), 고인의 전사 사실 확인후 전사 통지서(사본)을 첨부 재청원하여 주시면 건립토록 조치하겠읍니다.

첨　부 : 위패건립 내역서 1부.

육　　　군　　　참　　　모　　　총　　　

전우회가 청원한 전사망 장병 24위에 대한 국립묘지 위패건립에 대한 육군본부의 조치 회답 원본

추가 2면 있음

육군본부 직할 결사대

※ 결사 제11연대 편성

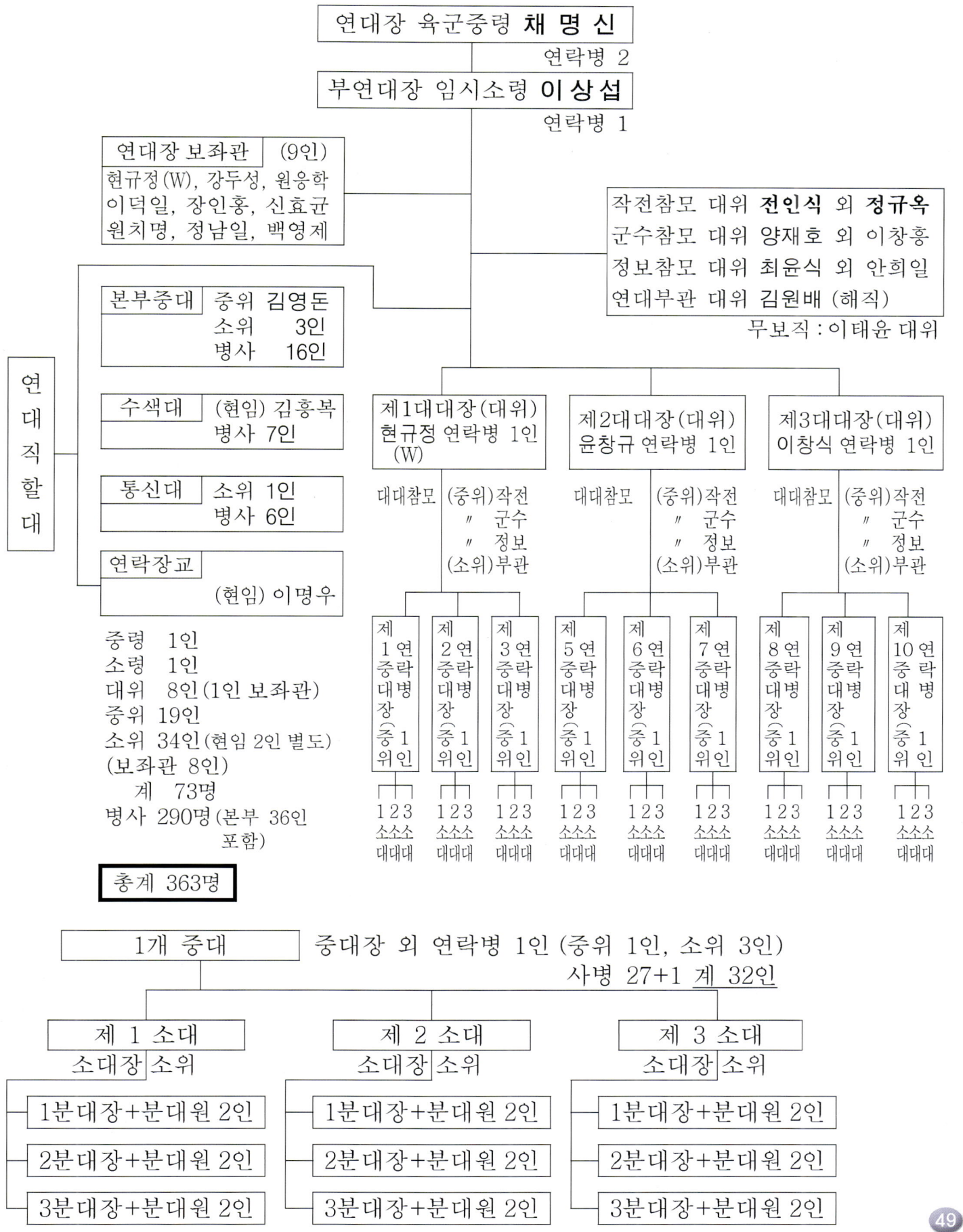

백골병단의 편성

```
                        사령관 육군중령 蔡命新
                                 O=1  S=2
                                           참 모 진
                                     작전참모 임시대위 全仁植 외 1인
  특별보좌관 8인    수색대 임시소위(현임)   군수참모 임시대위 梁在昊 외 1인
  (1인 현임 차출)   김흥복 외 6인        정보참모 임시대위 崔允植 외 1인
                  통신대 임시소위 외 4인  부관 임시대위(진) 尹喆爕 외 1인
                  연락장교 임시소위                    O=4  S=4
                  이명우(현임)
                  O=3  S=10           <사령부요원 32인> (11연대와 중복)
```

| 결사 제 11 연대장 | 결사 제 12 연대장 | 결사 제 13 연대장 |
| 임시소령 李相爕 | 임시소령 李斗柄 | 임시대위 金漢喆 |

결사 제 11 연대
- 제1대대장 임시대위 현규정 (전사)
- 제2대대장 임시대위 윤창규 (전사)
- 제3대대장 임시대위 이창식
  장교 62+1명
- 병력 363+15(민간)=378명

결사 제 12 연대
- 참모장 대위 장철익
- 총병력 160명
- (도암지구 분산·낙오 170 ? 명)

결사 제 13 연대
- 부연대장 대위 김정기(전사)
- 총병력 124명

※ 결사12연대는 자료 없음

결사 제 13 연대 편성

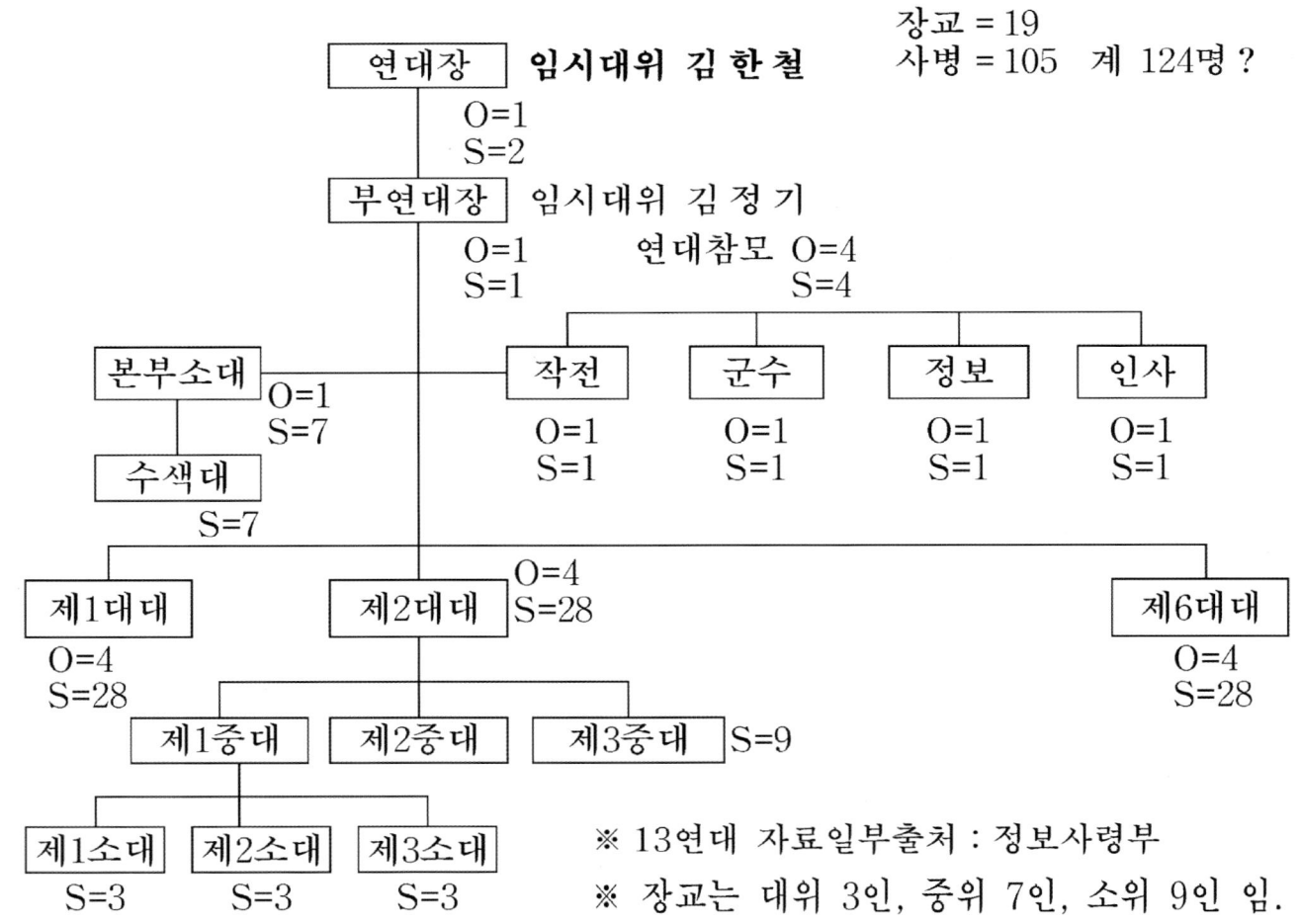

장교 = 19
사병 = 105   계 124명 ?

※ 13연대 자료일부출처 : 정보사령부
※ 장교는 대위 3인, 중위 7인, 소위 9인 임.

= 백골병단 전사 확인자 =
참전전우회

1983. 3. 28. 허은구 소위 전사 확인 받음 (70여 차례 만에)

1988. 4. 30. 장동순·신현석 전사 확인신청
　　　　　　　　　　　　6. 30. 확인 받음

1988. 6.　　권욱상 신청 / 8월 확인

1989. 4. 24. 정세균 중위 류동현 중사, 김윤수 전사 확인 신청,
　　　　　　　　　　　　5. 10. 확인 받음

1989. 8. 3. 윤창규·현규정 등 17인 전사 확인 신청
　　　　　　　　　　　　8. 30. 확인 받음

1989. 10. 28. 박만순 소위 전사 확인 신청
　　　　　　　　　　확인 받음

1990. 10. 16. 조중용, 정윤철, 이석순, 황경덕 전사 확인 신청
　　　　　　　　　　확인 받음

1995. 2. 3. 김정기 대위 등 25명 전사확인 통보 받음

2000. 3. 30. 김원배 대위, 박기석, 이충구, 임경업, 박종수,
　　　　　　천영식 6인 전사 확인 신청
　　　　　　　　　　　　5. 20. 확인 받음
　　　　　　　　　　- 이상 60인 -

　육군본부 직할 결사대 전우회가 1988년도 이후 전사망 전우에 대한 인우보증방법에 따라 전우회장 명의로 전사 확인을 신청한 것임.

1993년 백골병단 전몰장병 합동추모식

추모·분향하는 전인식 회장

추모식에 참석한 군관계관 및 전우회원들

백골병단 참전장병 647명 중 전몰장병은 360여명이나 전사확인이 된 장병은 60명뿐이고, 아직도 303명의 명단을 확보하지 못하고, 해마다 6월이 되면 전적비 앞 광장에서 육군 제3군단의 지원으로 현충추모제례가 집전되고 있다.

중앙 : 김석재중장(제3군단장), 12사단장, 인제군수, 특공연대장, 안병희, 조병설
중앙 좌 : 전인식 회장, 권영철 부회장, 신건철·최인태씨 등 참전전우 30여명

1990. 8. 16. 11시 인제군 북면 용대리 백골병단 전적비 건립 공사장에서 ROTC 29기생들과 함께

육군대위 (고)현규정 (玄奎正)

1926. 8. 생 평북 개천, 1951. 3. 26. 전사
1951. 1. 25. 결사 제11연대 연대장 보좌관
1951. 2. 20. 임시 육군대위(현임), 결사 제11연대 제1대대장 피명
1951. 3. 26. 인제군 기린면 진동리 전투지휘 중 전사
1989. 4. 26. 인제군 기린면 진동리에서 유해 38년 만에 발굴
1989. 12. 13. 육군 제3군단 기린병원에서 영결식 거행
1990. 8. 30. 대전 국립현충원 장교묘역 2-744에 안장
2012. 6. 25. 정부 **충무무공훈장** 추서

1990. 7. 17. 참전전우회원 일동이 동작동 국립현충원을 찾아 헌화·분향하고 있다.

서울 국립현충원을 향하고 있는 참전전우회장(앞줄 우 2번)과 허재구 씨, 황인모 장군, 권영철 부회장, 최윤식 대위

전우회장 전인식 씨가 분향하고 있다. 그 뒤 황인모 장군, 권영철 부회장, 유가족

한복 소복 차림을 한 장동순 하사의 미망인 김정임 여사와 홍순기 병장의 미망인 박정렬 여사의 분향 향기가 은은히 퍼져 나가고 있다.

분향을 마친 참배자 전원이 경건히 묵념을 올리고 있다.

국방일보　1994년 6월 11일　토요일

6·25특집 老兵의 소리 〈1〉

"빨갱이 잡는데「人權」필요 없어요"

"일부 학생들「좌경·용공」더욱 가슴아파"

대한유격참전동지회 全仁植 회장

「애국심」만이 나라 살리는 길

왜…누구를 위해 우리가 싸웠는데
제월에 묻혀「과거」잊혀질까 두려워

『우리가 무엇을 위해, 누구때문에 고귀한 생명을 바쳐가며 싸웠는데 역사의 교훈이 잊혀져 가는것만 같아 마음이 편치 않습니다. 앞서 간 전우들을 대할 면목도 서지 않구요.』「참전 노병(老兵)」을 만났다. 대한유격참전동지회(백골병단) 전인식회장(65·건설산업연구소 이사장).

민족사에 최대의 오점을 기록한 시련과 비극을 몸으로 부딪히며 사선(死線)을 넘나 들어야했던「슬픈 역사」의 산증인인 전회장은『왠지 마음이 편치 않다』며 착잡한 심정으로 다시맞은 6월을 회상한다.

◆6월을 다시 맞으면서 백골병단 전적비를 찾아 앞서간 전우들의 영령을 추모하는 전회장은 좌경과 용공의 말이 떠도는 6월의 안보현실이 참전노병의 마음을 편치않게 한다며 착잡한 심정을 들려준다.

[金應爕 기자]

참전전우 일동의 행사 기록

1994. 6. 4 제 9회 합동위령제를 마치고 제 3군단장 이 규환 중장과 함께

제 3군단장 이 규환 장군에게 감사패를 드리는
전 인식 참전전우회장

2011. 6. 16. 육군 제 73사단을 방문한 전우회원들

용대백골장학회의 장학금 헌성비 제막
2007. 6. 23. 인제군 북면 용대3리

장학금 헌성비 제막 광경

헌성비를 설명하는 전인식 회장

헌성비 제막 후, 인사하는 인제북면 면장 원종문 씨

헌성비 관련 장학회 연혁을 보고하는 차주찬 총무

헌성비를 둘러보는 전우회원들

헌성비 제막후 내빈과 전우회원들의 기념촬영

= 용대 백골장학사업 =

이 사업은 白骨兵團 북진 최 종점 : 강원도 인제군 북면 용대리 지역내 초등학교 학생에 대한 "나라사랑", "충용의 얼"을 북돋아주기 위한 장학사업으로 6.25 참전단체 최초의 전적지 대민사업임.

주관 : 육군본부 직할 결사대 전우회

창립 발기 2016. 9. 19

장학금 헌성 출연금 : 전우회 지원금 2,000만원

전 인 식	⑪[건]	1,000만원
홍 금 표	⑪[건]	500 〃
김 용 필	⑫[건]	400 〃
임 동 욱	⑪[건]	300 〃
차 주 찬	⑪[亡]	150 〃
송 세 용	⑫	120 〃
류 해 근	장군[亡]	100 〃
권 영 철	⑪[亡]	100 〃
최 윤 우	⑪[건][亡]	60만원
장 지 영	⑪	50 〃
안 병 희	⑫[건]	50 〃
김 인 태	⑪[亡]	50 〃
박 승 록	⑪[亡]	50 〃
이 익 재	⑫[亡]	40 〃
임 병 화	⑬[亡]	30 〃
권 태 종	⑪[亡]	30 〃
김 종 호	⑫[亡]	30 〃

이 영 구	⑫[건][亡]	30만원
이 영 진	⑪[亡]	30 〃
윤 경 준	⑪[건]	21 〃
전 영 도	⑪[건][亡]	20 〃
최 희 철	⑪[건][亡]	20 〃
오 석 현	⑪	20 〃
박 용 주	⑫[건][亡]	15 〃
김 중 신	⑪	15 〃
김 송 규	⑫[건][亡]	15 〃
황 태 규	⑪[건][亡]	15 〃
김 성 형	⑪	10 〃
현 재 선	⑪[亡]	5 〃
하 태 희	⑪[亡]	5 〃

[건] 건강이상, [亡] 사망,
⑪ 11연대, ⑫ 12연대, ⑬ 13연대

소 계 5,381만원
기타 수입 1,019만원
합 계 64,000,000원

해마다 6월 용대리 산 250-2 백골병단 전적비 앞 광장 **"현충 행사장"** 에서 시상함.
용대 초등학교 3학년 이상 6학년 학생 5인을 선발 (학교장)
시상 5인에게 20만원씩 100만원 지급 (참전전우회장)

장학금 지급 개시 ; 2007년 6월 현충일 8인×100,000 1회 이후
2021. 6. 5 제 15 회까지 장학금을 지급함. 장학금 누계 108

국방일보 1991년 6월 12일 수요일 (4)

鄕土豫備軍版
제791호

老兵이 말하는 6·25 〈1〉
나는 이렇게 싸웠다
全仁植씨〈대한유격참전동지회 회장〉

戰史에 남을「백골병단」勇猛

오직 救國의 일념으로 "決死抗戰"
敵후방교란 북괴군 69여단 섬멸
한국군 최초정규유격대원… 軍番 3개 훈장없어 아쉬워

"전쟁은 아직 끝나지 않았습니다. 다만 휴전일 뿐입니다."

6·25전쟁이 일어난지 41년 — 그때 동족상잔의 비극이 절대로 이땅에서 일어나서는 안되며 어떠한 어려움이 있어도 남북이 하나로 뭉쳐 세계질서속에 동참해야 자유롭고 평화로운 나라의 면모를 갖추고 당면과제라고 역설하는 全仁植씨(62세 경기파주)는 6·25가 일어나면 언제든지 다시 총을 들고 싸워야 한다고 강조하는 전인식씨다.

〈全仁植 62세 경기파주〉

6·25전쟁이 일어나던 1950년 1월4일 21세의 젊은 나이로 육군정보학교 제7기 훈련소 대구달성(당시)에 입교하여 20여일간의 군사훈련을 마치고 육군본부직할 유격 11연대대장(당시) 무월봉(대위)로부터 1월31일 참전하여 국가의 운명이 백척간두에 있을때 자신의 안위를 돌보지 아니하고 죽음을 무릅쓰고 적지에 뛰어들어 13연대의 미숫가루 6백여분의 보급만으로 60일간 적지에서 유격전을 감행, 북괴군사단장을 비롯, 고급군관 수십...

적지에서 살아남은 군용과 허기진 몸을 이끌고 한국전사에 길이 빛날 '백골병단 대원'이라고 전인식씨는 말한다.

'노병은 죽지않고 사라질뿐'이라고 스스로 위로하며 전인식씨는 6·25로 인해 1백만명이 넘는 인명의 희생, 그리고 1천만명이 넘는 이산가족의 슬픔을 덜어주기 위해서는 우리 전국민이...

▶전인식씨가 당시 백골병단의 작전지도를 그대로 간직하고 41년전 전투상황을 자세히 설명하고 있다.

...진출하였다가 다시 설악의 영봉을 넘어 양양군서면의 거쳐 인제 태백산맥을 현리까지 오대산발봉 맥이상의 고산험산준령을 거치면서 영하 30도의 혹한을 견디면서 적 69여단을 섬멸하는 등 혁혁한 전공을 세운 한국군 최초의 정규유격군으로 그를 찬연하게 빛냈다.

[최형의 기자]

1991. 12. 10. 육군참모총장이 백골병단 참전자 전원에게
종군기장을 수여토록 국방부에 건의하였다는 공문.
1992. 5. 12. 국방부는 종군기장을 수여하지 못한다고.
1995. 11. 20. 육군참모총장은 백골병단을 비롯, 휴전 후
40여년이 지났기에 훈장을 줄 수 없다고 ……

문서번호 : 부인제 16416 호   1991. 12. 10.

수   신 : 전인식 (대한 유격 참전 동지회장)

제   목 : 민원회신

    1. 귀하께서 제출하신 백골병단 요원의 6.25 참전사실 확인 증명발급 및 6.25 종군기장 수여 요구 민원에 대한 회신입니다.

    2. 백골병단에 대한 6.25 참전사실 확인을 위하여 관계자료를 추적 확인한 결과 백골병단 간부요원 131명에 대한 임관명령만 존안되어 있을 뿐 公簿상 병적 확인이 불가하며 또한 그 이외의 요원들에 대하여는 일체의 자료 발굴이 안되고 있습니다. 그러나 국가위란의 시기에 위국헌신하신 전공은 당연히 인정되어야 한다는 심의결과에 의거 백골병단 전원에 대하여 6.25참전 종군기장을 수여토록 국방부에 건의하였습니다. 그 처리결과가 귀하에게 통보 될 것이며, 다소 시일이 지연되더라도 양지하시기 바랍니다.

    3. 또한 "참전사실 확인증" 발급건에 대하여는 위 기장이 수여될 경우 참전사실을 가장 확실하게 입증하는 증명서가 될것으로 사료됩니다.

    4. 위 민원회신에 의문사항이 있으시면 전화 505-1625 전사망 처리 담당자에게 문의하여 주시기 바라며, 귀하의 건승과 귀회의 무궁한 발전을 기원합니다. 끝.

육 군 참 모 총 장

"선 진 조 국 창 조"

추가 3면 있음

설악산 백골대대 명명문
1992. 6. 25.
대한유격(백골병단) 참전동지회장 전인식
703 특공연대 2대대장 중령 박석태

　　6.25 전란 위기속에서 결성된 육본 직할부대인 백골 병단은 적지 중심작전 부대이며 최초 정규 유격대로서 1951년 1월 30일 대구에서부터 설악산 일대로 침투하여 백척간두에 선 이 나라를 오직 구국의 일념으로 그 용맹성을 떨치며 많은 전과를 올린바 있고 특히 강원도 인제군 용대리 특공대대 지역인 적지 깊숙한곳까지 침투하여 임무를 완수한 부대로서 우리 특공대대 임무와 유사하고 그 용맹성과 정통성을 이어받는 대대가 될것을 확신하며 703 특공연대 2대대의 일반명칭을 「설악산 백골대대」로 명하노라 !

703 특공연대
ㅇ 대 대 장   중 령 박 석 태
ㅇ 협   조 : 대한유격 (백골병단) 참전
　　　　　　　동 지 회 회 장 전 인 식

1951년 1월 육군정보학교 교관 육군중위 최덕연(예비역 대령) 씨가 1993.11.9. 전우회장에게 보낸 서신과 정보학교에 소장 중인 결사 11연대의 출동 기록

謹啓

華敬하는 全仁植會長님

其間 安寧하십니까

보내주신

白骨兵團戰史와 參戰同志牛忙, 追加記錄 1.2.

寫眞 等 感謝히 拜受 했습니다

特히나 大韓遊擊參戰同志會 名譽會員의 一員으로

參與 시켜 주신 것 榮光으로 생각하오며 感謝하게 생각하고

있습니다

同會에 寄與하는 사람이 못되는 不肖老兵으로서는

恒時 죄송하고 未安하게 생각하고 있습니다

全會長님의 깊은 戰友愛와 厚意에 같이 感謝

드리오며 다음으로 優先 紙面人事로 代 합니다

1993年 11月 19日

서울 石村洞에서

옛날 그 옛날 1950年 大邱 遮域 國民學校

에서의 白骨兵團 戰士들에 대한

遊擊隊 敎官 崔德演 (中尉) 拜上

追: 申泰均 元在學 蒼外廊 및 戰友들께도

問安 傳해주시면 합니다 植 拜

4283. 1. 29	陸軍本部情報局 指令 第24號로 陸軍第7訓練所로 發槃하다
4284. 1. 29	陸軍少領 文 章 爽 生徒隊長으로 就任하다
	決死 11 聯隊 (349名) 10日間 武裝諜報及遊擊戰에 必要
	한 所要課程의 敎育訓練을 短期 養成시켜 革命新中隊 編下
	敎育後으로 出動시키다
4284. 2. 5	決死 12 聯隊 (361名) 16日間 上記 11 聯隊의

2007. 6. 5. 제1회 용대·백골장학회가 발족되다.
<참전전우 일동의 성금 6,400만원으로 창립, 해마다 6월 현충 추모일에 장학금 지급>

용대초등학생에게
백골병단 참전전우들이
지급하는 장학금을
수여하는 전인식 회장.
해마다 5명에게
장학금을 지급하고 있다.

장학금을 교부받은 학생과 함께
기념사진을 찍는 전우회원과
지역군단장과 보훈단체장·
기관장들

참전전우들의 한때 추억

2004. 7. 27. 울릉도, 독도 관광을 위해 출발지 종각역전에서

2016. 7. 13. (전인식의 88 생일) 제주관광지에서

2016. 7. 13. 제주관광지에서

육본 직할 결사대 전우회의 사업

1951. 1. 4	육군정보학교(육군 제7훈련소) 입교, 특수교육 실시
1951. 1. 25	교육수료자 820여명, 임시장교 124명 임관 GO 군번, 병사 G 군번 부여 (1, 2차)
1951. 1. 30	결사 유격 제11연대 363명 적후방으로 침투
1951. 2. 7	결사 유격 제12연대 330명 적후방으로 침투, 육해공군 총참모장 최전방에서 훈시
1951. 2. 14	결사 유격 제13연대 124명 적후방으로 침투, 대구 → 부산 → LST 묵호 → 강릉 → 대관령
1951. 2. 20	3개 부대 647명(363+160+124=647명) 白骨兵團으로 統合 (분산 170명 제외)
1951. 2. 23	백골병단 중부내륙 오대산 북방 (신배령) 적진 후방으로 침투작전 개시
1951. 3. 30	강원도 인제군 기린면 방동 북방 아군 7사단 3연대 전투 전면으로 철수 귀환

○ 1961. 8. 23 대한민국 유격군 참전 전우회 창립 발기함   발기인 전인식 외 3인

1987. 3. 28 고 육군소위 허은구의 전사확인 이후 총 60인 전사확인
(동작동 위패 57위, 대전 현충원 안장 3위)

※ 1990. 11. 9 白骨兵團 戰跡碑 건립·제막, 육군본부 예산지원 8,300여만원, 전우회 협찬 4,000여만원
(제3군단 공병여단시공, 설계·감리 ; 전인식)

※ 2003. 6. 5 무명용사 추모비 건립 (303인 민간참전자 13인)
(국가보훈처 지원, 전우회 협찬)

※ 2004. 3. 22 적 후방지역 작전 공로자 현역 복무 인정 특별법 제정·공포 시행

※ 2006. 6. 5 고 윤창규 대위 殺身成仁 忠勇碑 건립·제막
(국가보훈처, 3군단 지원, 전우회 협찬)

※ 2006. 9. 19 龍坮 白骨 獎學會 設立 總基金 6,400만원 (전우회원 헌성금)
(전투 최종점 소학교 학생)
2021년까지 15회 (매회 100만원, 5인×20만원 지급)

※ 2010. 3. 5 육군본부 내 名譽의 殿堂에 60人 獻刻 追慕함
※ 2010. 6. 25 백골병단 참전장병 參戰 59年만에 轉役式 거행
(陸軍本部 廣場에서)

※ 2011. 4. 7 전쟁기념관 : 戰死者 追慕碑 銘版 獻刻

※ 2012. 3. 12 忠勇 特功賞 制定, 基金 : 전우회 + 有志 = 6,200여만원
<추가2012.6.5>〔703특공연대 (전적비 관리 기관) 부사관 2인에게 표창과
상금 50만원씩 교부 (기관 관리 운영 위탁 : 5689부대장)〕

※ 2012. 6. 25 정부 "武功勳章" 수여 (충무무공 3인, 화랑무공 15인 계 18인)

2016. 6. 5 현충행사시 인제군 내 거주 6.25 참전용사 2~3명에게 위로금 분할 지원

● 2021. 1. 30 현재 파악된 참전회원 分布 <2021.6 현재>

┌ 비교적 건강자 : 4인, 생활불편자 7인, 신체 극히 불편한 자 6인 계 17인
├ 참전 비참여자 (생사 불명) = 10인, 보좌관 참전자 4인   총 31인 추정
└ 유가족 4인, 명예회원 및 협찬자 6인 별도

= 참전 50주년 기념 추모제 =

2001. 4. 15. 참전·개선 50주년에

▲
2001. 4. 15.
백골병단 참전·개선 50주년
합동추모제 강신 및 초헌례
전인식 회장의 재배, 헌주 광경

■ 2008. 7. 25. 용대백골장학회와 용대리가 공동 주최한 경노잔치

때 : 2008. 7. 25, 장소 : 용대3리, 참석인원 : 180여명
용대백골장학회 : 6,400만원(육직 결사대 전우회 주관)

용대백골장학회와 지역 용대장학회
합동경노잔치를 지원하는 부녀회장
단과 지역군수 및 경노 노인들

■ 경노 오찬 식장의 모습

◀
경노 행사에
앞서 인사하는
인제군수

경노행사에
앞서
인사하는
전인식
회장

= 全仁植 편저서 관련 출판 목록 =

= 백골병단 관련 도서 =

1981	나와 6.25 (비매) (3X6 포켓판)	건설연구사
1986	못다핀 젊은 꽃 (보정 1~3판) 4X6판	"
1988	백설의 장정 A5	건설연구사
1988	백골 병단 A5	"
1989	결사11 연대 A5	"
1991	임진강에서 내설악까지 A5	"
1991	전적비 낙수 (비매) A5	"
1992	영광의 얼 A5	"
1993	백골병단 전사 (비매) A5	"
1993	백골병단 전사 추록 I,II (비매) A5	"
1994	설악의 최후 A5	"
1997	백골병단 전투 상보 A5	"
1999	알섬의 갈매기는 왜 우는가 A5	"
1999	누구를 위한 적진 800리의 혈투인가 A5	"
2000	여명의 아침 (비매) A5	"
2001~2	적진 800리의 혈투 (1~2판) A5	전영문화사
2003	적진 800리의 혈투 (최종판) A5	"
2004	아픈 상처를 어루만지며 A5	건설연구사
2004	한 많은 오십삼 년 A5	"
2005	오십사년을 기다렸다 A5	"
2006	6.25의 회한 그리고 영광 A5	"
2006	한 맺힌 오십사 년 A5	"
2006	설악의 영봉은 알고 있다 A5	"
2007	영광의 세월 A5	"
2010	육군본부직할 결사대 60년사 B5	"
2010	육군본부직할 결사대 60년사 추록 I B5	"
2011	육군본부직할 결사대 60년사 추록 II B5	"
2012	백골병단의 발자취 B5	"
2013	저 하늘 너머 에는 B5	"
2013	59년만에 전역 B5	"
2014	눈덮인 山野 B5	"
2014	"증보" 눈 덮인 산야 B5	"
2016	노병의 65년 B5	"
2016	육군본부 직할 결사대 A5	"
2017	적진 후방 팔백리의 혈투 A5	"

= 건설기술 관계 도서 =

건설표준품셈 1~51 판 발행	건설연구사
건설공사의 설계표준과 검사	"
건설공사의 설계와 시공	"
건설 기계화 시공	"
토목 시공 관리	"
토목 시공법	"
건축 시공	"
건설공사 실무 품셈	"
표준품셈 질의 해설	"
토목공사 표준 품셈	"
건축공사 표준 품셈	"
기계설비공사 표준 품셈	"
전기정보통신 표준 품셈	"
건설 용어 대 사전	"
건축·토목 용어 사전	"
건축 용어 사전	"
토목 용어 사전	"
환경 상하수도 용어 사전	"
부동산 개발기술 론	"
공사의 감사 해설	"
펌프의 이론과 실제	"
건설 공사비 검증의 Know How	"
알기쉬운 경영 회계 등	"

※ 1970. 4. 18 대학 토목공학과 **조교수** 자격 인정
　　　　　　문교부 대학 교수 자격 심사 위원장
※ 1972. 8. 19 대학 토목공학과 **부교수** 자격 인정
　　　　　　문교부 대학 교수 자격 심사 위원장

뉴스피플

▲51년 2월6일 강원도 명주군 강동면 지서 앞에서 있은 육군본부 직할 유격대 12연대 장병들의 출정식을 둘러보고 있는 육·해·공군 총참모장 정일권(丁一權)소장과 미군사고문단 정보책임관 하우스만중령. 출정장병의 복장과 배낭 무기 등은 모두 인민군이 사용하던 것이다.

서울신문 자매지 뉴스피플에 실린 백골병단의 기막힌 사연!!

▲사선을 돌파하고 강릉으로 귀환한 유격대원들.

한국 첫 게릴라부대 한맺힌 최후

유격참전동지회가 밝힌 '백골병단'-인민군복 입고 혁혁한 전과, 647명중 283명만 생환

"누가 이들의 가슴에 한을 맺히게 했는가"

해마다 이맘 때면 조국을 위해 장렬히 숨져 간 전우들을 생각하며 한을 달래는 역전의 용사들이 있다.

한국전쟁 당시 최초의 정규 게릴라 부대원으로 참전, 적 후방을 교란하며 눈부신 전공을 세운 '노병'들이 그들이다.

때는 한국전이 한창이던 51년 1월30일. 육군본부 직할 결사유격대 11연대 장병 363명은 채명신(蔡命新 예비역 육군중장)중령의 지휘아래 인민군복으로 위장한 채 강원도 영월군 영월읍 가까이에 형성된 대치전선을 넘어 적진 후방으로 침투했다.

적 300여명 사살·인민군 중장 생포

무장 유격대에 하달된 작전명령은 적의 연락장교 생포및 포섭, 지휘소 습격, 비밀문서 획득, 후방교란, 보급로와 생산기지 파괴 등이었다.

11연대에 이어 12연대와 13연대 장병들도 적후방에서 합류했다. 이름하여 '백골병단'(白骨兵團).

그로부터 작전이 끝난 3월30일까지 두달동안 유격장병들은 강원도 평창 인제 등 산악지대를 누비며 수십차례의 작전을 통해 300명이 넘는 적을 사살하고 길원팔(吉元八) 인민군중장 등을 생포하는 등 그야

▼법에 호소해서라도 '백골병단'의 명예회복을 하겠다는 전인식 대한유격참전동지회 회장.

말로 혁혁한 전과를 올렸다.

그러나 아군의 희생도 컸다. 647명의 전체 장병중 생환한 장병은 283명에 불과했다.

꽃다운 청춘을 초개같이 버린 것은 차치하고 백척간두에 선 당시의 전황은 이들의 전공을 외면했고 이후 결사유격대의 전설적인 무용담도 세월속에 묻히고 말았다.

45년의 세월이 흐른 현재까지 생사가 확인되고 있는 생존자는 모두 79명.

20대의 젊은 혈기로 사선을 넘나들던 장병들은 어느 덧 70세 안팎의 노병들로 변했다.

자신들의 활약상이 전사에도 정확히 기록되지 않은 것을 뒤늦게 발견한 노병들은 대한유격참전동지회를 결성하고 지난 93년에는 자비로 '육군본부 직할유격부대 백골병단전사'를 발간, 육군전사에도 반영시키는 등 군관계자들의 심금을 울렸다.

당시 전국대에 재학중 입시 육군대위로 백골병단 작전참모를 지냈던 전인식(全仁植 68) 참전동지회 회장은 누구보다 한이 많다.

▲현충일을 맞아 합동위령제를 지낸 유격참전동지회 회원들이 백골병단 전적비앞에서 군고위 관계자들과 기념포즈를 취했다.

▲강원도 인제군 북면 용대리에 세워진 '백골병단 전적비'.

"적진으로 출정할 당시 육군 수뇌부는 우리들에게 임무를 완수하고 돌아오면 2계급씩 특진시켜 원하는 부대에 배치해 주겠다고 약속했지만 새빨간 거짓말이었습니다. 그동안 명예회복 차원에서 무공훈장은 못줄망정 6·25종군기장이라도 달라고 정권이 바뀔 때마다 당국에 호소했으나 현재까지 성사되지 않고 있어요"

무공훈장은 커녕 종군기장조차 안줘

참전동지회측의 민원에 대해 육군참모총장의 답변은 한결같다. 유격대원들의 혁혁한 전공은 충분히 인정되나 6·25 무공훈장 수여는 휴전과 동시에 종결되었고 정부의 '발굴포상'은 독립유공자 케이스만 적극 시행할 뿐 6·25 등 전투와 관련된 것은 시행하고 있지 않다는 답변이다.

"관련법이 미비하다면 법을 개정해서라도 우리들의 명예를 회복해 주어야 도리가 아닙니까"

참전동지회를 이끌고 있는 전회장은 그동안 백골병단을 세상에 알리기 위해 무던히도 애썼다.

지난 89년 8월에는 인제의 야산에 묻혀있던 현규정(玄奎正) 대위 등 3인의 유해를 발굴, 대전국립묘지에 안장시키도록 했다.

90년 11월 이진삼(李鎭三) 육군참모총장 재임시 강원도 인제군 북면 용대리의 유격대 격전장에 '백골병단 전적비'가 들어선 것도 따지고 보면 그의 노력 결과다.

88년부터는 유격대 격전지와 전적비를 찾아 회원들이 합동위령제를 매년 지낸다.

지난 현충일에도 백골병단 전적비를 찾아 위령제를 올렸다. 해마다 호국보훈의 달이 되면 그의 마음은 한국동란 당시로 돌아간다. 그리고는 가슴에 맺힌 한을 스스로 달랜다.

누구도 전회장을 비롯한 생존 노병들의 한을 풀어줄 이가 없다. 명예회복만이 다소의 위안이 될시 모른다.

한국전쟁 당시 육군본부 정보국 3과장으로 유격대의 실무책임자였던 이극성씨(李極星 예비역 준장)는 누구보다 유격대원들에 대해 미안한 마음을 갖고 있다.

유격대원들에게 작전명령을 전달해 놓고 첩보부대장으로 전보되는 등 전란의 와중에서 뒷수습을 제대로 못한 점이 못내 마음에 걸려 참전동지회 사무실을 이따금 찾는다.

백골병단 전사를 편찬할 때는 자신이 보관하고 있던 유격대의 희귀 사진을 제공하는 등 고증에 적지않은 도움을 줬다.

안타까운 마음은 채명신씨도 다를 바 없다. 백골병단 부대장으로서 늘 미안한 생각을 갖기는 마찬가지다. 현재 채씨는 참전동지회 고문으로 있다.

사법부에 '명예회복' 호소할 계획

"우리들의 운명이 다하기 전에 기필코 명예회복을 할 작정입니다. 국회에도 탄원해 봤지만 흐지부지되고 말아요. 세상에 이럴 수가 어디 있습니까. 이젠 사법부에 호소해 볼 참입니다. 소송준비를 위해 기금을 마련하고 있지요. 헌법소원도 할 계획입니다"

화제가 명예회복문제에 이르면 목소리를 높이는 전회장은 회원들중에는 한맺히게 눈을 감은 이도 있다고 소개했다.

생사의 고비를 숱하게 넘기며 많은 전공을 세운 고 이운하(李雲河) 중사는 참전동지회가 기념으로 만든 참전기념패를 관속에 넣어달라고 유언, 회원들의 눈시울을 적시게 했다.

회원들은 '대한 유격'이 양각된 14K 반지를 하나씩 끼고 있다. 비록 정부에서는 예우를 해주지 않지만 회원 스스로 조국을 위해 용감히 싸웠노라는 자부심을 간직하기 위해서다.

전회장은 아마 회원들 대부분은 이 참전기념반지를 2세에게 가보로 물려주지 않을까 생각된다고 말했다.

유격전기간중 작전참모의 자격으로 즉결 처분한 적들만도 100여명은 넘을 것이라는 전회장은 감사원 수석 감사관을 역임하고 사단법인 건설기술 연구회를 설립하는 등 건축학의 권위자다. '건설표준 품셈' 등 건설관련 저서만 60여권 있다.

뉴스피플

김철호기자

1996년 6월27일
제5권24호 통권225호

◀ 1993. 12. 22. 여의도 일식 "이어"에서 1951년 당시 육군본부 정보국 유격대담당 이극성 중령 "우" 2번(예비역 준장)이 51년 당시의 증언을 하였다. 좌측 3번째가 전인식 회장

2009. 12. 30. 참전전우회장 전인식 교수는 육군본부 내 대강당에서 안보특강을 하였다. ▶

◀ 2011. 5. 3. 박종선 장군의 육군사관학교장 취임식에 참석한 참전전우회원들. 이날 육사발전기금도 전달했다.

2012. 6. 26. (고)현규정 대위의 충무무공훈장 추서 사실 대전 국립현충원 장교 묘역 744에 헌정한 전우회 회원일동이 육군교육사령부 신만택 장군을 방문하고 기념사진을 남겼다. ▶

살신성인 충용비 제막

2006. 6. 25. 살신성인 충용
(고)윤창규 대위
충용비 제막

충용비의 내력을 설명하는
전우회장

충용비 제막 후
전우회원 일동

지난 11일 11시에 제막식을 가진 백골병단 전적비 보호벽.

6·25 활약상 확인할 수 있는 '작은 역사관'

육본직할결사대전우회, 전적비 보호벽 제막

참전 전우 생존자·전사자 등 한글로 기록해

"이제 우리의 표상이자 상징인 백골병단 전적비가 어떤 위해가 생기더라도 안전하게 보호될 수 있을 것이라고 믿고 안심하고 두 다리를 쭉 뻗고 잠잘 수 있게 됐습니다."

멀어져 가는 가을의 아쉬움을 달래주는 이슬비가 새벽녘에 내려 을씨년스러운 기운이 감돈 지난 11일 오전 11시 강원 인제군 북면 용대3리 산 250-2, 백골병단 전적비 앞. 육군본부 직할 결사대(일명 백골병단) 전우회 전인식(81) 회장은 전적비 앞에 모인 전우회원과 육군12사단장·부대장병, 용대리 마을 주민 등 150여 명을 향해 남다른 의미의 제막 행사를 주관하고 있었다.

이날 행사는 전적비 뒷면의 급경사지에서 일어날 수 있는 낙석 사고에 대비해 보호벽을 건립, 준공식을 갖는 행사.

행사를 주관한 전 회장은 이날 보호벽 설치의 의미를 "백골병단의 역사를 지역 주민은 물론 지역을 찾는 모든 분에게 쉽고 편하게 설명해 줄 수 있는 공간이 마련됐다"며 "이 공간은 단순히 보호벽을 넘어 6·25 전쟁 당시 백골병단의 활약상을 한눈에 확인할 수 있는 작은 역사관"이라고 설명했다.

이날 준공해 제막식을 가진 보호벽은 모두 3개.

급경사지 가장 안쪽의 전적비 보호벽은 높이 180cm에 두께 1m, 길이 5m에 달한다. 1차 보호벽인 만큼 높고 넓으며 길다.

그 앞으로 나란히 있는 보호벽은 왼쪽은 공적기, 오른쪽은 4명의 부조를 넣은 전훈기로 높이 150cm에 길이 422cm다.

1차 보호벽에는 전면 왼쪽편에 결사대 참전전우회원과 관련인사를 계급별로 생존자와 전사자 등을 한글로 기록해 놓고 오른쪽에는 관련 저서류들을 기록해 놨다.

앞쪽 왼편의 보호벽에는 백골병단의 전투작전 개요와 전적비 건립 유공인사를, 오른쪽 보호벽에는 4명의 부조와 전투 당시의 공적 내용을 상세히 담고 있다.

3개 보호벽 모두 땅속 1m 깊이의 대리석을 버팀목으로 해 겉보기보다 훨씬 견고하다는 게 보호벽을 제작한 고재춘 조각가의 설명이다.

보호벽을 만드는 데 들어간 비용은 4000여만 원.

당초 국가보훈처에 전적비 보호벽 설치를 요청했지만 기간이 너무 오래 걸려 전우회 회원들이 자발적으로 성금을 모아 이날 뜻깊은 제막행사를 갖게 된 것이다.

전 회장은 "올해만 해도 벌써 3명의 전우가 유명을 달리했다. 우리에게 2~3년의 기간은 너무 멀고 길다"며 "어차피 우리 전우들을 위한 사업인 만큼 더 늦기 전에 우리 스스로 하자는 데 의견 일치를 보고 보호벽을 자발적으로 만들게 됐다"고 말했다.

인제군수를 대신해 참석한 안호열 인제군 기획감사실장은 환영사를 통해 이번 보호벽 설치에 감사의 뜻을 표명했다.

안 실장은 "우리 지역에 이렇게 큰 의미의 전적비가 있다는 자체가 6·25전쟁의 큰 교훈"이라며 "보호벽 설치로 호국영령의 넋을 기리는 전적비가 인제군의 명소로 더욱 빛날 것"이라고 말했다.

보호벽 설치 행사 일정을 모두 마친 참석자들은 전적비 인근 식당으로 자리를 옮겨 전우회가 준비한 오찬을 함께 하며 지난 6월 4일에 제대로 나누지 못한 회포를 푸는 시간을 가졌다.

주민 박성환(56) 씨는 "올해 벌써 두 번이나 마을 잔치를 열어줘 뭐라 감사해야 할지 모른다"며 "지역을 찾아 주시는 전우회 어르신들의 모습이 자꾸 줄어들어 가슴이 아프다. 시간 나는 대로 전적비를 둘러보면서 정화활동하는 것으로 이분들에게 보답하고 있다"고 말했다.

백골병단은 1951년 1월 3주간의 유격특수전 교육을 이수하고 임시장교와 부사관으로 임명된 장병들이 적진 후방에 침투해 북한군 요인 생포와 정보 취득 등 혁혁한 전과를 세운 대한민국 최초의 유격부대를 말한다.

글·사진=유호상 기자
hosang61@dema.kr

전인식(맨 오른쪽) 육본직할 결사대 전우회 회장이 제막식을 마친 뒤 육군12사단장 등 행사 참석자들에게 보호벽 설치 배경과 의미를 설명하고 있다.

2012. 11. 11. 전적비 보호 방어벽이 건립되다
(총 사업비 4,500만원)

전적비·방어벽 준공식 후 참전전우와 내빈에게 방어벽체의 부조를 설명하는 전인식 회장

전적비 보호·방어벽 준공 후 기념촬영

참전전우회 공적심의 의결서 (원본)
일시 : 2000. 4. 28.
위원장 권영철 외 8인, 간사 최윤우

전공심의 의결서

대한유격참전동지회 공적심의 위원회

(전 육군본부 직할 결사유격 제11, 12, 13연대 : 통합 백골병단의 전공)

심의 위원 부회장 權寧哲, 부회장 金容弼, 부회장 安秉熙, 부회장 宋世鏞, 부회장 李翊宰,
감 사 崔仁杓, 이 사 李南杓, 이 사 林炳華, 이 사 張之永, 간 사 崔潤宇

전공심의위원장은 호원에 봉모된바 權寧哲 부위원장으로 취임, 사회하다

공적 심의 자료 : ① 육군본부 발행(1994. 9. 20) 한국전쟁과 유격전(대외비)
  제3장 제3절 4. 육군본부 직할 결사유격대(백골병단) p# 86~106

② 白骨兵團 戰史 (1993. 7. 27 白骨兵團 戰史 編纂委員會)

③ 蔡命新 회고록 "死線을 넘고 넘어" (1995. 5. 20. 3쇄) P# 207~250

④ 누구를 위한 적진 800리의 혈투인가!! (1999. 8. 23) 전인식 편저

위 4個 資料를 기준으로 하는것에 一同 동의 한다.

1. 참전 개요

(1) 1950. 6. 25. 04시 북괴 김일성이 도발한 한국전쟁으로 한반도 전역이 거의 초토화 되다.

(2) 1950. 9. 15 유엔군의 인천상륙과 1950. 10. 1. 38선을 돌파한 국군은 북진을 계속하다.

(3) 1950. 11. 26 국군과 유엔군이 압록강 연안까지 진격했을 때, 중공군의 참전 개입으로 후퇴를 하게 되다 (1·4 후퇴 개시).

(4) 1950. 12. 21 정부는 국민방위군 설치… 만 17세이상 40세까지의 청·장년…

(5) 애국청년·학생, 의용경찰관, 철도… 12월 하순 대구 소재 육군보충대에…

(6) 1951. 1. 2~3 육군 정보당국은 전… 제7훈련소(육군정보학교)에 본인의…

<의결사항> (4)(5)(6)항 원안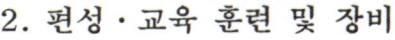

2. 편성·교육 훈련 및 장비

(1) 편 성 : 결사유격 제11연대 연대장(육군중령 채명신) 등 363명(중령 1, 보좌관 9인은 따로 충원 되다.).

결사유격 제12연대 연대장(임시보병소령 이두병) 등 330명

결사유격 제13연대 연대장(임시보병대위 김한철) 등 124명(추가로 충원된 병력 300여명 중 100여명 포함)

※ 12연대와 13연대 병력수는 불확실 하나 증거 불충분으로 원안가결

추가 12면 있음

군 저명인사로부터 받은 격려서신

1989. 9. 7.   제1야전군사령관 대장 이진삼
1993. 3. 21. 전육군정보학교 51년도 교관 중위 최덕연
1998. 5. 28. 제3야전군사령관 대장 길형보
1999. 4. 9.   제35보병사단장 소장 류해근
1999. 5. 11. 육군본부 정보작전참모부장 류해근 소장
2001. 7. 3.   국방부장관 김동신
2002. 7.   국방부장관 이 준
2008. 11. 7. 육군사관학교장 중장 김현석
2010. 12. 28. 육군인사사령관 중장 박종선
2010. 12. 21. 제1야전군사령관 대장 박정이
2011. 신묘년을 제42대 육군참모총장 대장 김상기

頌을 드립니다.

　祖國이 百尺竿頭累卵의 危機에 處해 있을때, 紅顔의 나이로 祖國守護의 隊列에 參加, 數많은 戰鬪 및 遊擊戰을 敢行하여 6.25戰史에 길이 빛낼 戰功을 남긴 白骨兵團勇士 640餘名의 불타는 祖國愛와 殺身保國한 愛國衷情의 投魂이 담긴 이 冊子야 말로 戰後世代의 젊은 이들에게 올바른 國家觀과 死生觀을 確立하는데 (中略) 建立을 비롯하여 各種事業들이 하루빨리 成功的으로 完了되기를 바라며 全會長님의 앞날에 無窮한 發展과 家庭에 幸運이 함께 하기를 하나님께 祈禱합니다.

1989. 9. 7.

第1軍司令官 大將 李 鎭 三

추가 11면 있음

1998년 8월 26일 수요일

국내외 소식

참전노병, 전적비 영구관리기금 조성

대한유적참전동지회(백골병단)회원 사후관리 앞장 결의

한국전쟁의 최일선에서 귀중한 젊음을 바치며 조국과 민족의 위기를 극복하는데 혁혁한 전공을 세웠던 참전노병들이 「사후(死後) 예도 그들의 전공을 기리고 보존하려는 자신들의 앞장 설것을 결의하고 이를 위한 기금을 조성해 관심을 모으고 있다.

국내는 물론 세계전쟁사에서도 유례를 찾아 보기 힘든 「전적비 영구 관리기금」을 조성한 주인공들은 대한유적참전동지회(회장·전인식)를 중심으로한 백골병단 회원들.

백골병단은 한국전쟁 발발 이듬해인 1951년 2월에 참설된 국군사상 최초의 정규유격대 유군부부직할)

그해 2월초부터 3월말까지 약2개월간 당시 적후방지역인 강원도 인제군 북면 용대리에 살아남은 사람들이 도리어 숙원이 있던 백골병단은 전 적비를 제막 오랜세월 음어지 있던 한을 다소나마 씻어내릴 수 있었다.

특히 비경규군이기에 투입된 북수요원 신분으로 인해 후전 이후에도 그들의 투쟁을 화실하게 그리고 인정받을 수 없었 던 국군사상 최초의 정규유격대 군정신과 시간을 보내기도 했던 이들은 지난 90년 11월9일 자신들이 전전지이자 동부전선 최대 요충지인 강원도 인제군 북면 용대리에 기념비를 세우면서 10만원에서부터 많게는 백 50만원이 성금까지 총 1천7백5만원을

전인식회장은 『오지 나라와 민족을 위해 씨웠던 전적비 사후관리까지 스스로 해야한다는 사명을 더하게 할뿐이다』며 반대하는 회원들도 적지 않았다. 『그러나 다행스럽게 나』면서 『

특별회원인 미망인과 유자녀 까지 참석한 ○날 회의는 향후 전적비관리문제를 의제로 감문을의 토론을 거듭하다 「회원 사후에도 회원 스스로가 관리하자」는 다소 이계로운 결론을 이끌어내고 즉석에서 ○를 위한 기금을 조성했다.

이날 회의에서 모아진 기금은 미망인과 유자녀들이 내놓은 10만원에서부터 많게는 백50만원이 성금까지 총 1천7백5만원.

미망인·유자녀 등 참 1천7백여만원 모아
훈장없는 전쟁영웅들 나라사랑 정신 귀감

전공을 세우고도 훈국을 못받침을 단

주로 백골병단원이 된 사람은 모두 6백47명○중 3백60여명에 ○르는 고귀한 생명이 전투종 사망 실종됐고 반배년 가까운 세월이 흐른 지금은 불과 40여명이 대한유적참전동지회 회원으로 남아 일선부대 안보강연 및 위문활동 추모행사 등을 벌치며 참전노병의 식음을 모드는 나라사랑 정신을 보여주고 있다.

연대와 자유·평화 호국 운 상징하는 높이 11m의 대형 전적비는 참전노병들의 한결같은 노력의 결정체이면서 유군부부와 육군산약부대의 적극적인 지원과 노력이 뒷받침되어 이루어진 호국·안보의 새로운 상징으로 제막이후 지금까지 지역사회와 학생과 병사들의 호국·장병과 학생을 비롯 그곳을 지나는 많은 사람들에게 한국전쟁의 교훈을 전해주는 통한 매개체가 되고 있다.

계도 한국전쟁이 영원히 전하는 참전노병들은 경험한 전적노병들로서는 더 많이 기금조성을 어떻게 더 성사시킬 수 있었으며 훈장없는 전쟁영웅의 일반편 나라사랑 정신을 감소했다.

한편 백골병단은 현재 조성된 전적비관리기금을 지역행정 관서에 위탁 이자수익금으로 전적비를 영구히 관리하며 나가기로 방침을 정했으며 이를 위해 해당 지역관서와 협의를 가질 예정이다.

[김용성 기자]

◆백골병단 전적비·김원도 인제군 용대리에 세워져 있으며 자유·평화·호국을 상징하고 있다.

1964년 11월 1

화제

인으로 변모한 회원들은 긴급 임시총회를 개최한것은 지난 8일종순

특별회원인 미망인과 유자녀 까지 참석한 ○날 회의는 향후 전적비관리문제를 의제로 감문을의 토론을 거듭하다 「회원 사후에도 회원 스스로가 관리하자」는 다소 이계로운 결론을 이끌어내고 즉석에서 ○를 위한 기금을 조성했다

이날 회의에서 모아진 기금은 미망인과 유자녀들이 내놓은 10만원에서부터 많게는 백50만원이 성금까지 총 1천7백5만원.

존경하는 김대중 대통령님 좌하

경제도 어렵고, 국사 제반사에 어려움이 많으실 올려, 억울함을 조금이라도 풀어보고자 이 글월을 상

저와 저이들 생존자 80여명 모두는 1950년 12월 라 풍전등화와 같은 **대한민국을 구국하기 위해** 대구 에서 학력·경력·체격을 참고로 800여명을 징발하고 "육군제7훈련소")에 입교하여 3주일간의 특수전(유격 등 군번과 임시보병 소위이상 대위 등 까지 대통령 임관사령장과 계급을 각 부여받고(사병은 군번 G 11 년 1월 30일 강원도 영월군 영월읍의 최전선(아군 하여 크고 작은 많은 전투에서 전승하여 아군작전에

그동안 저희들은 1965년 9월 29일 설악동지회(회 는 한편 군적확보를 위해 계속 노력하였으며, 전사한 전우를 발굴하여 동작동 **국립묘지에 위 패를 모신** 것이 장교와 사병 58위 이며, 유골을 어렵게 찾아내, 육군제3군단에서 영결식을 거행하고, **대전국립묘지에 대위 현규정, 소위 이하연, 병장 이완상을** 안장하였습니다.

이와 같이, 전 사망 전우 364명중 겨우 61명만이 명예를 회복하고, 그 중 모친2 처3인이 유족연금을 받고 있으며, 아들 3 딸 1도 약간의 원호금을 금년 7월부터 수령하고 있는 것으로

2001. 8. 29. 참전 전우회장은 김대중 대통령, 한나라당 총재, 김중권, 김종필, 천용택 국가정보원장, 김동신 국방부장관, 길형보 육군참모총장, 국군정보사령관 등 요로에 등기우편 으로 청원한 것
※ 명예회복, 무공훈장은 약속대로 주실 것, 군 병적 인정 등을 청원

니 안심하고 싸워 이기라는 훈시를 뒤로하고 출진했습니다.

우리들은 1951년 4월 개선할 때까지 **적군 중장**(대남 빨치산사령관 겸 빨치산제5지대장) **길 원팔**과 **참모장 강칠성 대좌**를 포함하여 적생포 309명, 사살 174명 계 483명을 처치하고, 권총 9정, 다발총 17, 장총 178정 계 204정을 노획하는 등의 큰 전공을 세웠습니다만 전투중 364명의 전우가 희생되고, 생환자는 283명이오나 지금은 겨우 80여명만이 남았습니다.

추가 11 면 있음

우편물 수령증

접수자: 창구07 박광일
총요금:5,850원(현금:5,850원)

〈국내등기우편물〉
발송인: 121-842 전인식 서교동
통수: 5통
요금: 5,850원(수납요금:5,850원)

등기 번호	요금	수취인
1212106074572	1,170	110230김대중
1212106074573	1,170	150010한나라당 총재님
1212106074574	1,170	150010김중권
1212106074575	1,170	121110김종필
1212106074576	1,170	150701천용택

2001-08-29 14:53
서울서교 우체국

* 반송시에는 환부료를 받습니다.
* 이 영수증은 손해배상등의 청구에 필요하오니 보관하십시오

■ 전적비 보호·방어벽 및 공적·부조 건립

설치장소

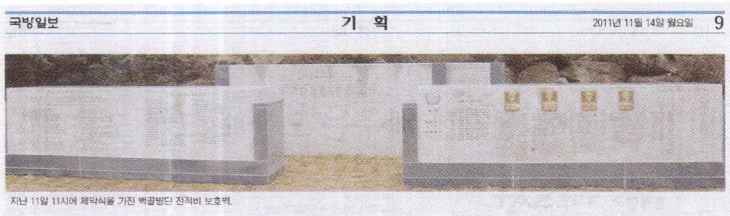

6·25 활약상 확인할 수 있는 '작은 역사관'

육본직할결사대전우회, 전적비 보호벽 제막

참전 전우 생존자·전사자 등 한글로 기록해

지난 11일 11시에 제막식을 가진 백골병단 전적비 보호벽.

전인식(맨 오른쪽) 육본직할 결사대 전우회 회장이 제막식을 마친 뒤 육군12사단장 등 행사 참석자들에게 보호벽 설치 배경과 의미를 설명하고 있다.

전적비 낙석방어벽·공적부조 등 건립 협찬금

2011.10 = 납부순 =

참전 당시 계급	성 명	낙석 벽 등 헌성금	비 고	참전 당시 계급	성 명	낙석 벽 등 헌성금	비 고
대위 (소령)	全仁植	2,550만원	1965년~현재 전우회장	중사	宋世鏞	500만원	운영위원장
예 중장	柳海權	100	명예회원	중사	張之永	100	운영위원
중사	朴勝錄	30	참전전우	하사	安秉熙	50	전 임원
중사	金重信	20	〃	중사 (예 중위)	洪金枃	100	서울대 졸 치과병원장
소위	權泰鍾	60	운영위원	소위	黃泰圭	10	참전 전우
소위	吳錫賢	20	참전전우	병장	崔熙哲	20	〃
중사	金鍾浩	20	〃	하사	全永薰	20	〃
하사	尹慶俊	25	〃	하사	金亢泰	30	〃
하사	金宋奎	50	〃	병장	裵善浩	10	〃
병장 (예 소령)	車周燦	500	사무국장 운영위원장	하사	林東郁	100	전우회 감사
중사	朴用周	30	참전전우	계		4,345만원	

백골병단의 행사

1989. 6. 24. 육군 특수전사령부를 방문해 사열차에 오른 전인식 회장

특수전사령부를 방문한 특전맨들의 기념촬영

1990. 1. 24. 제1야전군사령관 이진삼대장 초청으로 사령부를 방문한 백골병단 참전전우 일동. 사열차에 오른 전인식 회장과 황인모 장군

1990. 1. 24. 육군 제1야전군사령부(통일대)를 방문한 백골병단 참전전우 회원들

1993. 8. 6. 3군단을 방문한 전인식 회장과 권영철, 류탁영 이사

1994. 6. 24. 부산 육군군수사령부에서 안보특강 후 최경근 사령관과 함께

白骨兵團 戰跡碑는 1951. 1. 4.부터 1. 25 까지 유격특수훈련을 받은 결사유격 제11연대 363명이 1951. 1. 30. 강원도 영월군 영월읍에서 적 후방으로 침투한 이후 결사유격 제12, 13연대가 강원도 명주군 연곡면 퇴곡리에서 백골병단으로 통합(647명)하고, 1951. 4. 3~25 까지 사이에 개선한 장병 280여명의 염원으로 육군본부의 예산지원과 참전전우회원의 성금 그리고 육군제3군단 공병여단과 육군제703특공연대 장병의 지원으로 건립되었다.

세 뿔은 자유, 평화, 통일을 각 상징하고 결사 제11연대 동 12연대 동 13연대를 주탑 높이 11m (기초포함 16.4m) 공사계획·설계 일체는 전우회장 전인식의 작품으로 공사 감리를 겸했다. (1990. 11. 9. 제막된 백골병단 전적비의 위용)   곳 : 강원도 인제군 북면 용대리 산 250-2

백골병단 전적비 비문

碑 文

　서기 1951년 1월 국본특(육)제22호로 편성된 육군본부 직할 결사 제11연대와 제12·13연대 장병 647명을 1951년 2월 20일 육군중령 채명신이 통합 "白骨兵團"을 창설하고, 퇴곡리에서 오대산 북방 중부내륙 청도리 방면으로 진출, 적의 배후를 유린하였다.

　1951년 2월 27일 적69여단 소속 정치군관으로부터 노획한 전투상보·작전배치 상황 등을 아군 수도사단에 속보하여 적을 괴멸시켰고, 광원리 인근 적3군단 지휘소의 습격, 적후방에서 내왕하는 연락장병의 생포·사살 등 적의 후방을 교란하였으며

　1951년 3월 18일 군량밭 지구 "필례"에서 남침준비중이던 "대남 빨치산" 사령관 인민군 중장 길원팔과 참모장 등 고위간부 13명 전원을 생포하므로서 대남 빨치산 지휘부를 전멸시켰다.

　1951년 3월 19일 가리산리에 진출해 있던 적 빨치산 5지대의 대규모 공격을 받은 "백골병단"은 남하를 위장하다가 다시 북상, 대승령 경유, 용대리방면으로 진출하였으나 적의 포위공격으로 부득이 설악산 중청봉을 경유하여 오색리 단목령(일명 박달재) 진동리 방면으로 퇴출, 적의 주저항선을 배후에서 돌파 1951년 3월 30일 인제군 기린면 방동지역으로 철수·개선하였다.

　이 유격특수작전은 적후방지역 320킬로미터를 영하 30도의 혹한을 무릅쓰고, 종횡무진, 적의 지휘통신시설 파괴, 보급로의 차단, 빨치산 지휘부 섬멸, 적 연락장병 등 309명의 생포, 사살 170여명 등 적후방지역을 교란함으로서 아군 작전에 크게 기여하는 전공을 세웠다.

　이 작전기간 중 "조국의 자유와 평화를 수호하기 위하여" 용감하게 싸우다 순국 산화하신 장병의 명복을 빌고, 백골병단 장병이 이룩한 충용의 정신을 후세에 전하고, 귀감으로 삼고자 이 비를 세우다.

비문 : 전인식 짓고 씀

서기 1990년 11월 9일

白骨兵團 參戰 戰友會 會員一同

會 長 : 全仁植,　　副 會 長 : 權寧哲
顧 問 : 예비역 육군중장 채명신
理 事 : 崔允植·申健澈·崔潤宇·安秉熙·申孝均·權一相
監 事 : 崔仁泰 (主塔 揮毫)

1990. 6. 13. 전적비 건립 기공식을 마치고

1990. 6. 13. 전적비 건립 기공식 광경

1989. 3. 4. 백골병단 전적비 기공식에 투입된 불도저가 눈덮인 산야를 힘차게 기동하고 있다.

1989. 3. 4. 백골병단 전적비 기공식에 앞서 지신제를 준비하다

전적비 기공에 공이 많은 703 특공연대장 류해근 대령에게 감사패를 전달하고 있다.

= 2020. 6. 18. 백골병단 전몰장병 합동 추모식 =

> 추모비 식장에서 현역 장교와의 인사

1. 추모 현장에 도착한 전우 일동
2. 전적비에서 헌화를 정리하는 송세용 부회장
3. 개식 후 일동 묵념하고 있다.
   전열 2번 정중민 예 중장
   　　　3번 박종선 예 중장
4. 용대 백골 장학회에서 지급한 장학금을 받는 용대 초등학교 장학생들
5. 백골병단 전몰 장병에 대한 현충 추모식 후 기념 전시관을 방문하는 전우 일동

2022.6.3. 백골병단 전몰장병 합동 추모식에서

국방일보 2022년 6월 7일 화요일 / 종합 3

육군3군단, 전몰장병 합동 추모식

"백골병단 위국헌신, 본받아야 할 호국정신의 표상"

'당신은 대한민국의 진정한 영웅입니다!'
후배 장병들이 한 글자, 한 글자 심혈을 기울여 완성한 카드섹션 문구가 맞이하는 길에 들어선 노병(老兵)들은 힘찬 경례로 화답했다. 전장에서 생사를 함께한 전우의 넋을 기리는 시간에는 엄숙한 분위기에 모두 절로 고개를 숙였다. 호국보훈의 달을 맞아 6·25전쟁 당시 육군 최초 유격부대인 육군본부 직할 결사대(일명 백골병단) 전사자와 실종자의 넋을 기리는 행사가 지난 3일 강원도 인제군 북면 용대리 백골병단 전적비 앞 광장에서 거행됐다. 육군3군단이 주관한 '6·25 참전 71주년 및 전몰장병 합동 추모식'에는 전인식 백골병단 전우회장과 회원, 3군단장 직무대리 이진우(소장) 12보병사단장을 비롯한 장병, 김만호 인제군 부군수 등 지역 기관·단체장들이 참석했다.

육군본부 직할 결사대 전우회 전인식(가운데) 회장이 지난 3일 강원도 인제군 백골병단 전적비 앞 광장에서 열린 '6·25 참전 71주년 및 전몰장병 합동 추모식'을 마친 뒤 이진우 육군12보병사단장과 함께 당시 전투 상황 일지를 보며 대화하고 있다.

백골병단 전우회 회원들이 전우들의 영면을 기원하며 헌화하고 있다.

6·25전쟁 육군 최초 유격부대 활약
전우 전적비 앞에 선 노병 힘찬 경례
모범 부사관 시상·백골 장학금 수여도

호국영령에 대한 경례로 시작한 행사는 백골병단 전투 약사 보고, 헌화·분향 순으로 이어졌다. 조국을 위해 산화한 위훈을 추모하는 묵념의 시간에는 군악대의 장엄한 연주 속에 그들의 고귀한 희생정신을 되새겼다. 행사에서는 군단 특공연대 모범 부사관에게 수여한 '충용특공상'과 용대초등학교 모범 학생에게 주는 '백골 장학금' 수여식이 병행돼 의미를 더했다.

백골병단은 6·25전쟁 당시 적 정보 수집 필요성을 절감한 육군본부가 1951년 1월 창설한 유격부대다. 당시 3주간 특수교육을 받고 647명의 백골병단 용사를 강원도로 투입했다. 이들은 오대산·설악산 일대에서 교란작전과 첩보 수집 임무를 성공적으로 수행해 수많은 성과를 거뒀다.

이 사단장은 추모사에서 "북한의 도발과 러시아-우크라이나 전쟁 등 대내외적으로 어려운 상황에 백골병단의 전공·활약상을 되새겨 보게 된다"며 "한계를 극복하며 오로지 임무 완수만을 위해 피를 흘린 선배 전우들의 위국헌신은 본받아야 할 호국정신의 표상"이라고 강조했다.

3군단은 백골병단 호국영령 364명의 조국 수호 의지와 헌신을 기리기 위해 1990년 11월 9일 전우회와 함께 백골병단 전적비를 건립했다. 신양교(중령) 3군단 특공연대 백골대장은 "매달 기념비 인근에서 예초 작업을 하고, 기념비 주변과 기념관 내부를 깔끔하게 유지하고 있다"며 "부대 내에도 영상·자료를 모아 둔 기념관을 운영하면서 백골병단의 정신을 부대 정신으로 계승하고 있다"고 설명했다.

전 전우회장은 "나이가 많아 이곳까지 오고 싶어도 못 오는 전우가 있지만, 우리가 있는 한 추모비를 계속 찾을 것"이라며 "먼저 간 전우들의 보살핌 덕에 우리가 이만큼 잘 지내는 것으로 생각하고, 그들의 영면을 위한 행사를 유지해 나가겠다"고 말했다.

글=배지열/사진=양동욱 기자

白骨兵團 參戰 戰友 一同이 36年만에 國立墓地(동작동) 顯忠塔을 參拜하고 한 장의 記念 寫眞을 남겼다.

내 戰友들의 位牌를 아직까지 安置하지 못한 것을 못내 섭섭하게 생각하고 허탈해 했으나, 그로부터 2年 뒤, 戰死確認이 된 모두의 戰歿將兵이 여기에 位牌安置 되었으니 이날의 모임은 결코 헛되지 아니하였다.   때 : 1987年 3月 2日

前列 右부터 朴用周, 朴鍾瑝, 趙榮澤, 丁圭玉, 全仁植, 元應學, 申健澈, 崔允植, 安秉熙, 張德淳, 張之永

뒷줄 右부터 조병설, 서병환, 이남훈, 최인태, 신영기, 최종민, 이두병, 신효균, 이희용, 강두성, 원봉재, 박승록, 고제화, 김학균, 김용필, 이명해, 이익재, 장승현, 김인수, 권영철, 박광선 同志 등이다.

▶ 결사대 전우회 회장 全仁植이 쓴 저서

1981. 5. 16	參戰手記「나와 6·25」
	「적 후방 300리의 血戰」
1986. 6. 26	「못다핀 젊은 꽃」
	〈보정판〉, 〈최종판〉
1988. 4. 1	「白雪의 長征」
1988. 9. 21	「白骨兵團」
1989. 7. 19	「決死 11聯隊」
1991. 5. 16	「戰跡碑 落穗」
1991. 5. 18	「임진강에서 내설악까지」
1992. 10. 30	「영광의 얼」
1993. 7. 27	「白骨兵團 戰史」(전사편찬위원회)
	「白骨兵團 戰史 追錄 I, II」(51년도 화보)
1994. 7. 27	「설악의 최후」
1997. 6. 4	「백골병단 전투상보」
1999. 8. 16	「알섬의 갈매기는 왜 우는가!」
1999. 8. 23	「누구를 위한 적진 800리의 혈투인가!」
2001. 5. 14	「적진 800리의 혈투」
2002.10. ~ 2003. 4. 26	「적진 800리의 혈투」〈증보, 최종판〉
2004. 8. 31	「아픈상처를 어루만지며」
2004. 9. 30	「한 많은 오십삼년」
2005. 2. 22	「오십사년을 기다렸다」
2005. 9.	「백골병단의 실체」
2006. 1. 26	「한 맺힌 오십사년」
2006. 4. 3	「여명의 아침」
2006. 4. 14	「설악의 영봉은 알고 있다」
2006. 8.	「6.25의 회한 그리고 영광」
2007. 7. 13	「영광의 세월 = 한국전 참전노병의 외침 =」
2010. 2. 19	「陸本 直轄 決死隊 60年史」
2010. 8. ~ 2011.	「陸本 直轄 決死隊 60年史」追錄 I, II
2012. 9. 18	「백골병단의 발자취」
2013. 7. 17	「저 하늘 너머에는」
2013. 10. 22	「59년만에 전역」
2013. 12. 12	「59년만에 전역」증보 개정판
2014. 4. 7	「눈 덮인 山野」
2014. 10. 22	「눈 덮인 山野」증보 개정판

= 제70회 합동추모식에서 =

➢ 2021. 6. 4. 백골병단 전몰장병의 추모행사 시 일동의 사진

2021. 6. 4. 전몰장병 합동 추모식에서 전인식 회장의 인사말씀

전몰장병 합동 추모식에서 헌화 분향하는 전인식 회장

2021. 6. 4. 백골병단 전몰장병의 추모행사에서 전동진 군단장의 인사말씀

백골병단 전몰장병의 추모행사 전시관에서 전인식 회장과 전동진 군단장

2021.6.5. 백골병단 전적비 앞에서 현충 추모행사가 거행되었다.

육군본부 직할 결사대 전우회의 6·25 참전 70주년 및 전몰장병 합동 추모식이 지난 4일 강원도 인제군 북면 용대리 백골병단 전적비 앞에서 열려 전인식 전우회장과 전동진 3군단장 등이 기념촬영하고 있다.

"선배 전우들의 위국헌신 정신, 잊지않겠습니다"

육군본부 직할 결사대 전우회 6·25참전 70주년 및 전몰장병 합동 추모식

- 최초 유격부대…3주 특수교육 후 투입
- 강원도 전선 교란·유격전 등 수행
- 6·25전쟁 중 다수의 혁혁한 공 세워

육군본부 직할 결사대 전우회(일명 백골병단)는 지난 4일 강원도 인제군 북면 용대리 백골병단 전적비 앞 광장에서 6·25 참전 70주년 및 전몰장병 합동 추모식 행사를 열고 호국용사들의 넋을 기렸다.

육군3군단이 주관한 추모 행사에는 전인식 전우회장과 전우회원, 전동진 군단장과 정덕섭 12사단장, 703특공연대장을 비롯한 군단과 사단 참모 장병, 최상기 인제군수와 지역 내 국가보훈처 관계자 등이 참석해 70여 년 전 전쟁 당시 호국의 군신으로 산화한 백골병단 장병들의 위훈을 추모했다.

전 군단장은 추모사를 통해 "올해로 70주년을 맞는 백골병단 추모 행사는 우리에게 더 큰 의미를 시사하고 있다"면서 "최악의 전장 상황에서도 임무 완수를 위해 피를 흘린 백골병단 선배 전우들의 위국헌신은 오늘날 우리가 본받아야 할 빛나는 호국정신의 표상"이라고 말했다.

전 군단장은 또 대한민국 동부전선의 강력한 수호자로서 최강의 전투력을 유지해 '전장에서 승리하는 자랑스러운 산악군단'을 구현하는 데 진력하겠다고 다짐했다.

이어 전인식 전우회장은 인사말을 통해 "우리 모두는 6·25의 아픈 과거를 결코 잊지 말아야 한다"며 "호국 안보의 중요성은 지난 70여 년간 변하지 않았으며 아무리 강조해도 지나치지 않다. 특히 지금은 코로나19까지 슬기롭게 이겨내는 지혜를 모아야 할 때"라고 말했다.

전 회장은 그러면서 "조국의 자유와 평화를 위한 첨병이 되어 위국헌신의 정신을 가다듬고 결사대원의 기개를 살려 앞으로 정진해 나가달라"고 참석자들에게 당부했다.

행사에서는 또 군단 특공연대 모범 부사관의 사기 진작을 위한 '제10회 충용 특공상' 시상식도 거행돼 군단장이 2명의 부사관에게 격려금(각 50만 원)과 부상을 전달했다.

이날 추모 행사는 마스크 쓰기와 체온측정, 소독약 바르기, 2m 거리 두기 등 코로나19 방역수칙을 철저하게 지키는 가운데 예년에 비해 약식으로 진행됐다.

지역 내 용대초등학교 학생에 대한 제15회 용대백골 장학금 수여 행사도 이전에는 매년 5명의 어린이를 초청해 각각 장학금을 수여했으나 올해는 1명의 어린이만 초청해 장학금을 전달했다.

백골병단은 6·25전쟁 당시 적 정보 수집을 위한 유격대의 필요성을 절감한 육군본부에 의해 1951년 1월 창설된 한국군 최초의 유격부대다.

1950년 12월 하순부터 이듬해 1월까지 대구 육군정보학교에 입교해 3주간의 특수교육을 받은 이들은 곧바로 강원도 전선에 투입돼 적 지역이었던 오대산·설악산 일대에서 3월 말까지 영하 30도의 혹한 속에 험준한 산악지형을 변변한 장비지원도 없이 320㎞를 이동하며 적 후방지역 교란과 첩보수집 임무를 성공적으로 수행했다.

백골병단은 적 489명을 생포 및 사살하고 총기 204점을 노획하는 성과를 거뒀으며, 이들이 획득한 첩보는 적 부대 위치를 고려한 작전계획 수립 등 북진작전 시 중요한 자료로 활용됐다.

전우회는 지난 2018년 6월 5일에는 6·25 참전 전우회로서는 매우 이례적으로 자신들의 참전기록 역사물을 한데 모은 전시관을 자체적으로 만들어 개관, 지역 사회는 물론 지역 내 군부대 장병들에게 6·25전쟁의 역사적 교훈을 생생하게 증언하고 있다.

글=유호상/사진=이현구 기자

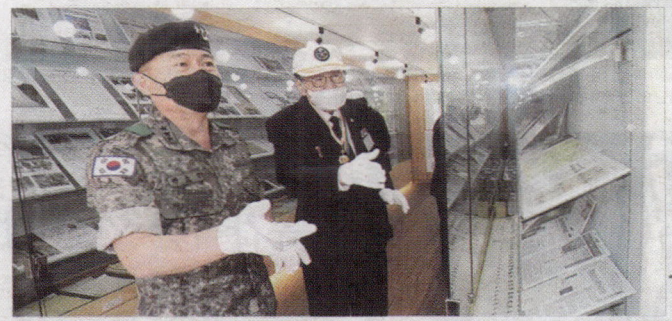

전인식(오른쪽) 전우회장이 지난 4일 추모 행사를 마친 뒤 백골병단 역사전시관에 들러 전동진 3군단장에게 70여 년 전 백골병단의 참전담을 들려주고 있다.

살신성인 정신 오롯이…안보교육장 자리매김

백골병단 역사전시관…올해로 3년
2달여 작전 일지 등 당시 상황 전시

강원도 인제군 북면 용대3리 산 250-2.

육군본부 직할 결사대 전우회, 일명 '백골병단'의 전적비가 자리를 잡은 곳. 이 전적비 바로 아래 계단이 시작되는 곳에 전차 1대가 전시되어 있으며 바로 옆으로 '백골병단 역사전시관'이 떡하니 자리잡고 있다.

전시관은 컨테이너 박스를 개조해 만들었다. 2018년 6월 5일 6·25 참전 67주년 현충 추모식 때 개관해 올해로 벌써 3년째다.

전시관 안에는 전쟁 2달여간의 작전 상황도를 비롯한 작전 요도와 부대 창설 당시 11·12·13연대 장병 기념사진, 그리고 60여 일간의 전투에서 올린 전과 등을 기록한 역사물 등 수백여 점의 역사 기록물이 사진 등과 함께 소중하게 전시돼 있다.

국군 최초의 비정규 게릴라전을 수행했던 '백골병단'의 활약상과 그 국가로부터 인정 받기 위한 노력들이 작은 전시관 속에 알차게 구성돼 있다고 보면 된다.

특히 1951년 3월 18일 작전 당시 대남 빨치산 인민군 중장 길원팔과 참모장 등 지휘부 13명 전원을 생포한 기록은 세계 전쟁에서 그 유례를 찾기 힘들 만큼 엄청난 전과로, 당시 장병은 물론 전후 세대 장병들에게도 백골병단의 임무 수행 의지와 군인정신이 얼마나 크고 투철했는지를 미뤄 짐작하게 하고도 남는다.

전시관은 전우회가 제작, 완성한 뒤 육군 703특공연대장에게 서류 일체와 함께 인계(기증)돼 전반적인 관리는 부대 차원에서 이뤄지고 있다.

전시관은 인제군을 찾는 관광객이나 지역 주민, 특히 지역 내 학생들과 군부대 장병들에게 안보현장 견학 코스로 처음부터 자리 잡았다.

학생들에게는 6·25전쟁의 올바른 역사교육장으로, 군 장병들에게는 위국헌신 군인 본분의 투철한 국가관과 군인정신을 피부로 배우고 느끼는 공간으로 십분 제공되고 있다는 게 3군단 관계자의 전언이다.

= 2022. 6. 3. 합동 추모식에서 =

➢ 전적비에서 추모행사를 마치고

2022. 6. 3. 백골병단 전몰장병 합동 추모식에서 인사하는 전우회장 전인식

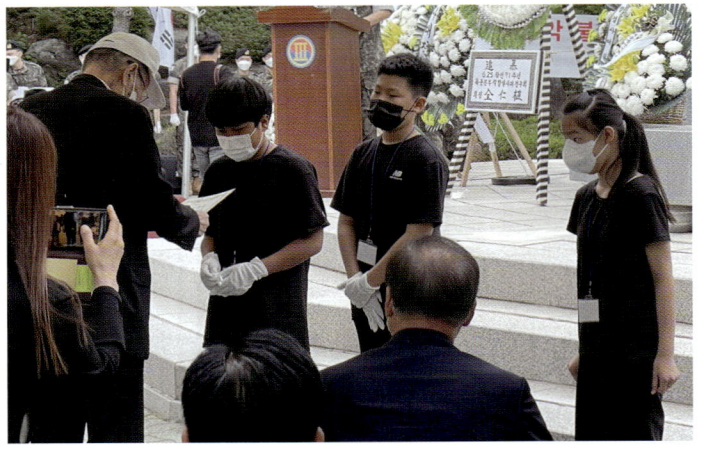

2022. 6. 3. 용대 초등학교 용대 백골 장학금 지급 광경

2022. 6. 3. 백골병단 전몰장병 합동 추모식에 참석한 전우와 전인식 회장의 모습

2022. 6. 3. 전몰장병 합동 추모식에서 군단장을 대리하여 참석하던 12사단장 이진우 소장

⬇ 전우회장 전인식의 인사말씀

백골병단 역사 전시관을 안내 설명하는 제작자 전인식 회장과 12사단장

2003. 6. 5 인제 용대리에서 백골병단 무명용사 추모비 제막식에 참석한 39 전우

獻誠錄

이 적비의 관리를 위한 기금을 참전 장병과 유가족이 헌성 하다.

大韓 遊擊 參 戰 同 志 會

헌성자명	헌성(좌수)	비고	헌성자명	헌성(좌수)	비고	헌성자명	헌성(좌수)	비고
全仁植	45	회장	林炳華	3	수인	元吉常	1	시흥
權 哲	20	부회장	張德淳	3	시흥	李明海	1	서신
金容弼	10	부회장	趙炳俊	3	파주	李長福	1	정선
安秉熙	5	부회장	朴勝寅	2.5	부역	崔鍾敏	1	원주
崔潤宇	5	부회장	金榮泰	2	포천	河泰熙	1	대전
申健澈	2	감사	朴鍾云	2	홍천	朴貞烈	1	미망인
崔仁泰	3	강사	李南杓	2	함양	張東說	3	유자
李南薰	5	평택	李榮郁	2	청양	金漢璘	2	유자
張翊宇	4	평택	林東薰	2	논산	朴昌永	1	규자
權之永	4	해주	張承鉉	2	서산	權一相	1	유족(제)
柳泰鍾	3	인천	全永壽	2	시흥	趙重淑	1	유족(매)
裵善鏞	3	역말	丁圭玉	2	서울	李貞子	1	미망인
宋世容	3	정릉	金昌昌	1	파주	柳海權	2	명예회원
尹範九	3	인천	金亢泰	1	서천	鄭海相	2	명예회원
李永九	3	용인	羅明集	1	서천	金周伯	1	명예회원
林炳基	3	파주	徐玄澤	1	인천	全熹哲	2.5	친인식 자
			吳鳳鐸	1	시흥	安光燮	2	인척회 자
						(1구좌:10만원)		

서기 1999년 6월 3일

위치: 육군 제5689부대 배골병단 장병 일동

육군소령 전 인 식 (全仁植)

1929. 7. 생   경기도 파주 탄현
1951. 1. 25.   육군정보학교 수료, 임시 육군대위 임관
1951. 1. 28.   육군본부 직할 결사 제11연대 작전참모 피명
1951. 2. 10.   평창군 진부면 하진부리 적 34명 생포, 작전 지휘
1951. 2. 26.   홍천군 내 구룡령 차단, 69여단의 I급 기밀서류 노획,
              아군에게 전달, 적 괴멸 기여
1951. 3. 14.   인제군 귀둔리 38선 돌파 작전 지휘, 적 장병 39명 생포
1951. 3. 24.   오색리 – 단목령 입구까지 백주 행군 선봉에서 지휘
1951. 3. 26.   독립고지 점령 적 지휘부(5명) 폭파 지휘
1951. 4. 28.   소령 진급, 미8군 기동부대 작전처장 수행
1951. 6. 6.   통천군 내 두백리 상륙, 적 포대 2 파괴, 교량 파괴 및
              양민 300여명 주문진으로 후송 (자유 찾아 줌)
1951. 6. 28.   미8군 예하 기동부대에서 제대(귀향)
2012. 6. 25.   정부 **충무무공훈장** 수여

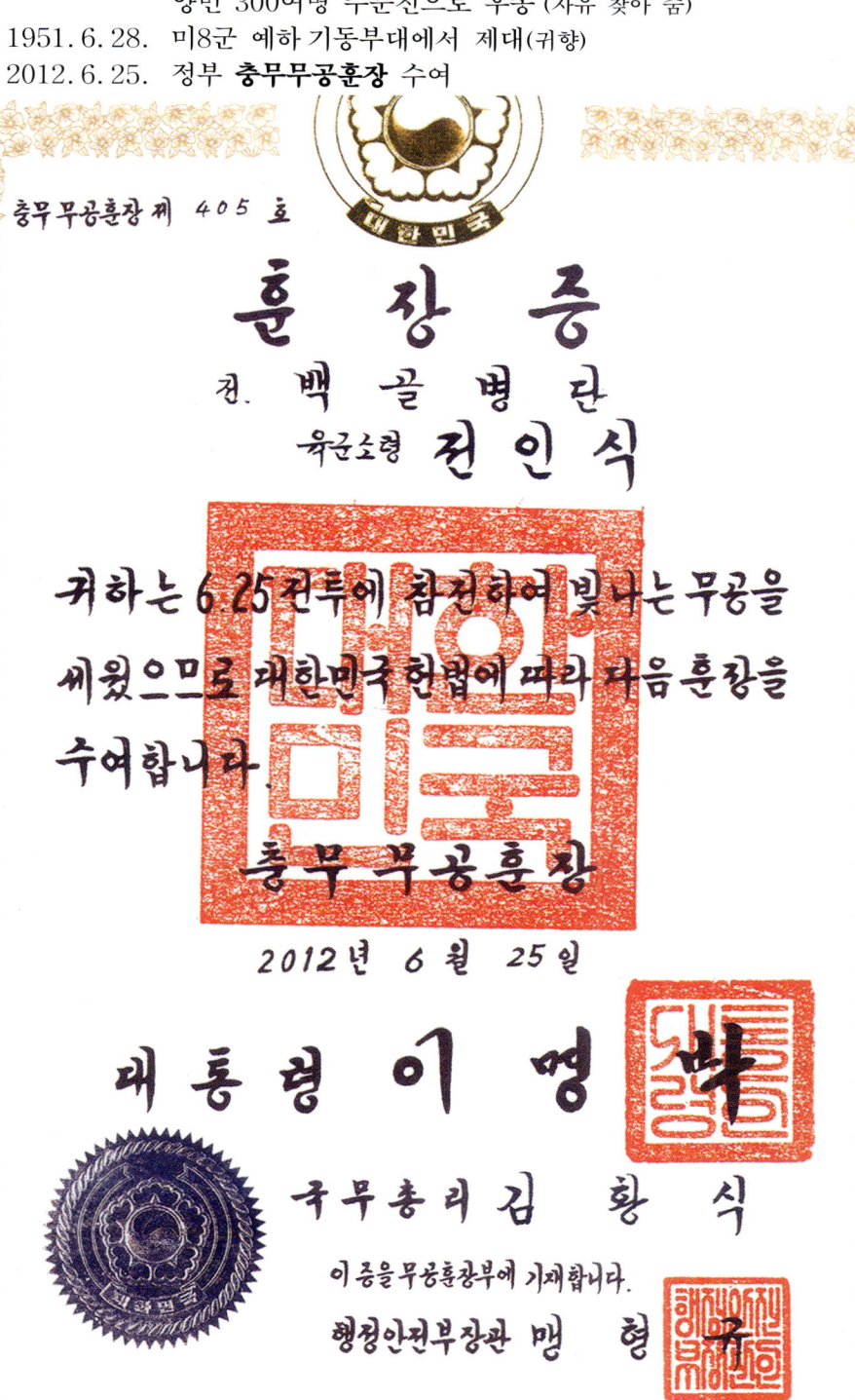

= 全仁植의 약력 =

1945. 2.	탄현국민학교 제9회 졸업　　〈파주 탄현 오금1리 출생〉
1949. 3.	문산공립농업중학교 수료
1950. 6.	정치대학 정경학부(현 건국대) 6.25 휴학
1950.7.~9.	적 치하 탄현 반공결사대원으로 무장 저항활동
1950.10.~12.	탄현지구 학도의용대(중·고·대학생 120여명) 대장
1951. 1. 25.	육군정보학교 수료, 육군임시대위 임관, (군번 GO 1003) 결사 11연대 작전참모
1951.2.~4.15.	백골병단 작전참모, 적진후방 특수전 60여일간 수행, 6.25 참전유공 및 국가유공자
1951. 4.~ 6.	미8군 기동부대 커크랜드 기지 작전처장, 두백리 상륙작전 지휘(육군소령 제대)
1952.11. 23.	제2국민병 소집, 논산제2훈련소 입대 훈련병 (군번 9358453 ?)
1953. 5. 17.	육군갑종간부 44기 수료 육군소위 재임관(군번 26444)
1954.3.~11.	전시군인 연합대학1기 2차 수료
1957.11. 15.	재 복무 후, 예비역 편입
1959. 4.	파주여자중학교 설립 참여, 재단이사장 보좌 겸 교사
1961. 7.	군사원호청 설립 참여 행정주사
1961. 8. 23.	대한민국 유격군 참전 전우회 발기, 현 육군본부 직할 결사대 전우회
1962. 3. 29.	고등전형시험 합격, 3급을(조사관) 감사원 근무
1968. 2.	건국대학교 행정대학원 재무행정 전공 수료
1968. 3.	종옥장학회 설립 회장(초등학생 5명 지원) ~ 운영중
1969. 5. 31.	『實用 建設工事의 設計標準과 檢査』(3판) 발행
1970. 4. 18.	대학 토목공학과 조교수 자격 취득(문교부 대학교수자격 심사위원회) 한양대(토목), 건국대(행대원) 등 출강
1972. 5. 16.	『건설공사 표준품셈』 초판 발행 (2018년 제47판 발행) 외 학술도서 59종 저술
1972. 8. 19.	대학 토목공학과 부교수 자격 취득(문교부 대학교수자격 심사위원회) 한양대, 건국대, 서울산업대, 성균관대, 충북대 등 대학·대학원 강사 역임 건설공무원 교육원, 서울시, 농진공, 한전, 내무부 지방행정연수원 등 출강 새마을 지도자 연수원 등 특수 교육기관 출강 국가기술자격(토목시공 기술사, 기사 1, 2급)시험위원 역임
1975. 9.	사단법인 건설산업연구소 설립 초대회장, 이사장·명예회장
1981. 5. 6.	『나와 6.25』= 적 후방 300리의 혈투 = 최초 발간 (비매품)
1986. 6. 26.	『못다핀 젊은 꽃』3판 발행 (3부작, "배달의 기수" 다큐멘터리 영화 제작·방영)
1990.11. 9.	백골병단 전적비 준공식 거행 (위치선정, 설계, 감리, 헌금에 기여)
2003. 5. 30.	무명용사(300여위) 추모비 건립에 기여
2004. 3. 22.	법률 7,200호 제정·공포에 기여, 2004. 11. 11 대통령령 18583호 공포 기여
2006.~2018.	육본 직할 결사대(白骨兵團) 전우회 회장 (1962~현)
2006. 6. 5.	살신성인 충용비 건립에 기여
2006. 6. 20.	신규 군번 부여 : 51-00008 퇴역 등에 기여
2006.12. 8.	용대 백골 장학회 창립 회장 (기금 6천4백여만원) (격전지 초등학생 5명 지원 중)
2009. 9. 15.	육본 직할 결사대(백골병단) 60년사 원고 집필
2010. 3. 5.	육군본부 명예의 전당에 전사자 60인 헌양식 거행 기여
2010. 6. 25.	육군본부 (계룡대) 연병장에서 참전 59년 만에 전역식 거행에 기여
2011. 2.	종인장학회로 개편, 회장 (증자 : 기금 1억 2천만원) (초등 5명, 중학 5명 지원 중)
2011. 4. 7.	전쟁기념관 전사자 추모비에 백골병단 60인 헌액에 기여
2011.11. 11.	전적비 낙석방호시설 제막 에 기여 (전인식 4천5백만원 중 지원 2천5백여만원)
2012. 3. 5.	충용 윤창규 대위 추모 충용상 기금 총 5천7백여만원 중 3천8백여만원 헌성
2012. 6. 25.	육군소령 전인식 충무무공훈장 수상 등 11인 무공훈장 수상에 기여
2014. 4. 7.	『눈 덮힌 山野』 저술 출판 (증보 개정판 발행)
2016. 4. 14.	6.25 참전『노병의 65년』 출판 등 6.25 관련서 36종 저술
2018. 2. 21.	백골병단 역사전시관 부지 조사 위치 결정

 # 무 공 훈 장

충무
무공훈장

육군소령 전인식 (全仁植)　　1929년생,　경기 파주 출신
　　1951.1.25 임시 육군대위 임관, 군번:51-00008, 백골병단 작전참모

육군대위 (고)현규정 (玄奎正) 1926년~1951.3.26 전사,　평남 개천 출신
　　1951.3.26 인제군 기린면 진동지구 전투에서 전사, 대전현충원 장교묘 744 안장

육군대위 (고)윤창규 (尹昌圭) 1928년~1951.3.24 전사,　충남 예산 출신
　　1951.1.25 임시 육군대위 임관, 군번:GO1007, 제11연대 2대대장

화랑
무공훈장

육군중위 김인태 (金寅泰)　　　1928년생,　경기 포천 출신
　　1951.1.25 임시 육군중위 임관, 군번:51-00012, 백골병단 제11연대제 제2대대

육군소위 김용필 (金容弼)　　　1925년생,　경기 파주 출신
　　1951.1.25 임시 육군소위 임관, 군번:51-00019, 백골병단 제12연대 제1대대

육군소위 권태종 (權泰鍾)　　　1929년생,　인천광역시 출신
　　1951.1.25. 임시 육군소위 임관, 군번:51-00025, 결사 제11연대 제3대대

육군중사 장지영 (張之永)　　　1930년생,　황해 연백 출신
　　1951.1.25 육군이등상사, 군번:51-500014, 백골병단 제11연대 제3대대

육군중사 송세용 (宋世鏞)　　　1932년생,　충남 연기 출신
　　1951.1.25 육군이등상사, 군번:51-500020, 백골병단 제12연대 정찰조장

육군하사 이익재 (李翊宰)　　　1929년생,　경기 평택 출신
　　1951.1.25 육군일등중사, 군번:51-500045, 결사 제12연대 1대대1중대

육군하사 안병희 (安秉熙)　　　1931년생,　경기 평택 출신
　　1951.1.25 육군일등중사, 군번:51-500053, 백골병단 제12연대제1대대1중대

육군병장 배선호 (裵善浩)　　　1933년생,　강원 정선 출신
　　1951.1.25 육군이등중사, 군번:51-77000024, 백골병단 제13연대 본부 연락병

육군중위 (고)권영철 (權寧哲) 1929년생,　경기 고양 출신
　　1951.1.25. 임시 육군중위 임관, 군번:51-00015, 결사 제11연대 제3대대

육군중위 (고)나명집 (羅明集) 1928년생,　충남 서천 출신
　　1951.1.25. 임시 육군중위 임관, 군번:51-00013, 결사 제11연대 제2대대

육군소위 (고)최인태 (崔仁泰) 1922년생,　경기 파주 출신
　　1951.1.25. 임시 육군소위 임관, 군번:51-00017, 결사 제11연대 제2대대

육군중사 (고)오봉탁 (吳鳳鐸) 1926년생,　경기 안산 출신
　　1951.1.25. 육군이등상사, 군번:51-500006, 결사 제11연대 제1대대

육군중사 (고)신건철 (申健澈) 1931년생,　경기 시흥 출신
　　1951.1.25. 육군이등상사, 군번:51-500017, 결사 제11연대 제1대대

육군하사 (고)이영진 (李榮珍) 1928년생,　충남 청양 출신
　　1951.1.25. 육군일등중사, 군번:51-500038, 결사 제11연대 제1대대

육군하사 (고)이명해 (李明海) 1932년생,　충남 서산 출신
　　1951.1.25. 육군일등중사, 군번:51-500062, 결사 제11연대

② 백골병단 전우회 전인식 회장

전적비, 충용시설로 활용되기를

강원도 인제군 북면 용대리에는 약 16m 높이의 커다란 충혼탑이 서 있다. '백골병단 전적비'로 이름 붙은 이곳은 6·25전쟁 당시 국군의 첫 유격부대 참전용사들을 기리기 위해 1990년 세워졌다. 매년 6월 이곳에는 노병(老兵)의 발길이 끊이지 않는다. 전장에서 산화한 전우를 기억하고, 헌신을 기리기 위해 전우회원들이 노구(老軀)를 이끌고 방문하기 때문이다.

전 회장은 당시 작전참모로 전장에서 생사를 넘나들었다. 가장 인상 깊었던 순간으로는 적의 전투 상보(전투의 구체적인 전략 등을 상세히 담은 보고 문서)를 노획한 때를 꼽았다.

"부대가 숨어 있다가 대여섯 명 되는 적군을 습격했는데 노획품 중에 인원 구성, 총포 현황과 배치도 등이 포함된 전투 상보가 있었습니다. 우리 군에 기록을 보냈고, 나중에 포사격으로 그 부대를 전멸시켰죠. 오로지 구국의 일념으로 임무를 수행했습니다."

과거 전장에서는 그 누구보다 당당했던 기개를 품었던 이들이지만, 6월이면 자주 상념에 잠긴다.

"추모행사 때 외에도 가끔 전적비를 찾아옵니다. 누군가는 기록을 남겨야 하지 않겠습니까? 백골병단 전우들은 전적비에 대한 애정이 각별합니다. 이것이 잘 관리·보존돼 국가 안보시설이자 기념비적인 충용시설로 활용되기를 간절히 소망합니다."

전 회장은 저서 『6·25 참전 노병의 65년』에서도 회한과 여운을 남겼다. "우리는 적 후방지역에서 작전을 수행했기 때문에 전사한 전우를 양지바른 곳에 묻어줄 수 없었습니다. 특히 비정규 부대인 게릴라는 민첩한 기동이 필수적입니다. 동쪽을 공격하는 적하다가 실제로는 서쪽으로 빠지거나, 남쪽을 공격하는 척하다 적의 판단과는 반대인 북쪽으로 침투하는 수법을 쓰는 등 신출귀몰하게 움직여야 했기 때문에 전투 중 희생된 동지를 안장할 겨를이 없었습니다."

공식적으로 1951년 4월 15일 작전은 완료됐지만, 살아 돌아온 백골병단에 대한 대우는 예상과 달랐다.

전 회장은 "출정 당시 '임무를 완수하고 돌아오면 2계급씩 특진시켜 희망하는 부대에 배치해 주겠다'고 했는데 지켜지지 않았다"며 아쉬움을 표했다.

오히려 참전 사실이 인정되지 않아 1953년 7월 정전협정 체결 이전에 징·소집돼 재차 입대하고, 병역 의무를 또다시 이행한 사람도 있다.

노병의 마지막 소원은 기억과 기록이었다

'게릴라(Guerrilla)'는 나폴레옹의 프랑스군에 대항하던 스페인 비정규 부대를 이르는 말에서 유래했다. 주로 적 배후나 측면에서 기습·교란·파괴 등의 활동을 하는, '치고 빠지는' 전략에 특화된 부대다. 6·25전쟁에서도 이들의 활약은 빼어났다. '백골병단'으로 불리는, 육군본부 직할 결사대가 주인공이다. 국군 최초 유격대인 이들은 강추위와 배고픔을 견디며 북한군 후방에서 맹활약을 펼쳤다. 큰 성과를 거뒀지만, 음지에서 활동한 부대 특성상 빛을 보는 데에는 수십 년의 세월이 흘렀다. 내년 정전협정 70주년을 맞아 마련한 '연중기획, 참전용사에게 듣는다' 두 번째 주인공은 이들의 명예 회복과 기록 보존에 앞장서고 있는 백골병단 전우회 전인식 회장이다. 글=배지열/사진=양동욱 기자

▶ 백골병단 전우회 전인식 회장이 강원도 인제군 백골병단 전적비 앞 역사 전시관을 배경으로 포즈를 취하고 있다. 전 회장과 백골병단 전우회는 2018년 전시관을 건립해 당시 기록과 사진 등 수백 점의 기록물을 보존하고 있다.

> 국군 최초 유격대로 북한군 후방서 활약
> 수십 년 세월 흐른 후에야 전역·공로 인정
> 이제는 생존자도 얼마 남지 않아…
> 국가에 헌신한 사람들에게 관심 가져주길

'백골병단'은?

백골병단은 적 정보 수집을 위한 유격대의 필요성을 절감한 육군본부가 1951년 1월 창설했다. 제7훈련소(현재 육군정보학교)에 입소한 710여 명 중 교육훈련을 통과한 647명의 장병으로 편성됐다. 이들은 적 후방을 교란해 전투의지를 떨어뜨리고, 군사 기밀을 탐지해 아군 작전 수행에 도움을 주기 위해 국방부 특별 명령으로 모였다.

밤낮을 가리지 않고 3주간 특수훈련을 받으며 전사로 거듭났지만, 이들에게 닥친 환경은 열악했다. 당시 적 지역이던 오대산·설악산 등 험준한 지형으로 800리(320㎞)를 걸어서 침투했다. 또 체감온도 영하 20~30도를 오르내리는 강추위와도 맞서야 했다. 적 군복으로 위장한 이들은 대부분 저고리에 누비바지만 입어 동상에 걸린 대원들도 많았다. 주어진 식량도 2주일치 분량의 미숫가루가 전부였다. 굶주림과 추위 등 비전투 손실로만 120여 명이 유명을 달리했다.

그럼에도 성과는 눈부셨다. 백골병단은 활동 기간 적 489명을 생포·사살하고, 총기 204점을 노획했다. 이뿐만이 아니다. 적 통신선을 차단하거나 이동 병력을 급습해 생포·사살하는 등 적 후방을 큰 혼란에 빠뜨려 눈부신 전과를 올렸다.

백골병단 전적비 앞 광장에서 열린 '6·25전쟁 참전 71주년 및 전몰장병 합동 추모식'에 참석한 전 회장이 거수경례하고 있다.

뒤늦은 전역과 무공훈장 수훈

생사가 오가는 전장에서 몸을 사리지 않고 투혼을 불살랐지만, 백골병단의 전역 신고는 약 60년이 흐른 후에야 이뤄졌다.

전쟁 당시 부대 특성상 임시 계급을 부여받고 참전했는데, 이후 급박히 돌아간 전황 등으로 처리가 늦어진 탓이다.

이들은 2010년 6월 25일 육군본부 광장에서 전역식을 치렀다. 이와 함께 육군본부 명예의 전당에 전사자 60위(位)의 이름을 새기고, 2011년에는 서울 용산구 전쟁기념관 전사자 명비에 60위를 헌액하는 등 명예를 회복해 나갔다.

백골병단 장병들의 공도 뒤늦게 인정받았다. 2012년 6월 25일, 6·25전쟁 발발 62주년을 맞아 전 회장을 비롯한 9명에게 무공훈장이 서훈된 것. 전 회장을 포함한 세 명의 전우가 충무무공훈장을, 여섯 명이 화랑무공훈장을 받았다.

전 회장은 "육군 역사상 같은 부대에서 훈장을 9명이나 받은 건 유례가 없다고 들었다"며 "늦게나마 전우들에게 자랑스러운 일을 한 것 같아 뿌듯했다"고 당시를 떠올렸다.

하지만 아직 훈장을 받지 못하거나 위패를 모시지 못한 전우를 향한 아쉬움이 더 크다. 이름은 남아 있는데 신원을 알 수 없는 경우가 부지기수다. 서로 이름도 몰라 전장에서 잠깐 쉴 때 이야기를 나눈 기억을 더듬거나, 담뱃갑 속 종이에 새겨놓은 이름이 전부인 전우도 있다.

"매년 6월 열리는 전몰장병 합동 추모식에도 거동이 어려워 불참하는 전우가 늘고 있습니다. 내년 행사에는 참석 가능한 전우가 3명 정도밖에 남지 않을 것 같습니다. 형편이 여의치 않은데도 함께하지 못하는 미안함에 조금을 보내는 전우들이 있는데, 가슴이 뭉클합니다. 우리 전우회뿐만 아니라 6·25전쟁 참전용사 등 외세 침략에 맞서 국가에 헌신한 사람들에게 정부가 많은 관심을 가져주기를 바랍니다."

잊히지 않길 바라는 간절한 마음

백골병단 전우회는 지난 2018년 '백골병단 역사 전시관'을 만들어 그들의 이야기를 직접 기록으로 남겼다. 백골병단 전적비 바로 아래 지어진 전시관에는 6·25 당시 백골병단 작전 상황도, 1951년 1월 부대 창설 당시 기념사진, 그리고 60여 일의 전투에서 올린 전과 등 수백 점의 기록물이 전시돼 있다.

전시관은 현재 관광객, 지역주민, 학생,

육군3군단 장병들이 백골병단 전적비 앞에서 선배 전우들에게 예를 표하고 있다.

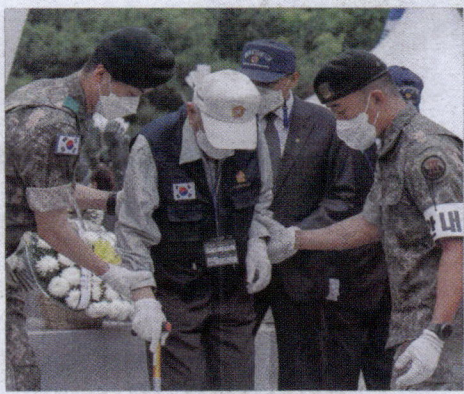
6·25전쟁 참전용사(가운데)가 후배 장병들의 부축을 받으며 이동하고 있다.

> 백골병단 명예회복과 기록 보존에 앞장
> 전적비에 애정 각별한 백골병단 전우들
> 잘 관리·보존해 충용시설로 활용되길
> 국가안보 수호에 매진하는 후배에 감사

장병들의 안보 견학 코스로 자리를 잡아가고 있다.

백골병단은 전우를 챙기는 것뿐만 아니라 지역주민과 전적비를 관리하는 부대와도 적극적으로 소통하고 있다. 2006년 용대백골장학회를 만들어 이듬해부터 매년 지역 학생들에게 장학금을 주고 있다.

전적비 관리와 지역 방호를 맡은 부대원들에게는 충용특공상을 수여한다. 당시 백골병단을 이끈 대대장 운창규 대위의 살신성인 정신을 기리기 위해 '충성'과 '용맹'에서 한 글자씩 따와 이름을 지었다. 2012년부터 부사관 2명에게 상장과 격려금을 지급한다.

"우리는 전적비의 의미를 알지만, 그 마을에서 나고 자란 아이들은 전적비에 새겨진 뜻을 오해할 수도 있다고 생각했습니다. 이 아이들이 장학금이라는 작은 도움을 받아 국가 인재로 성장하면 우리의 사연을 이해해줄 것으로 믿었습니다. 더불어 선배로서 지금 이 순간에도 국가안보 수호에 매진하는 후배에게 감사함을 전하기 위해 충용특공상을 제정했습니다."

"유격활동상 영화의 한 장면 같아"

백골병단 순직 추모행사

육군본부 직할 결사대(일명 백골병단) 전우회(회장 전인식)는 5일 강원도 인제군 용대리 백골병단 전적비에서 한국군 최초의 공식 유격부대로 6·25전쟁 당시 유격전에 참가했다 산화한 백골병단의 넋을 기리기 위한 추모행사를 열었다.

행사에는 전 회장을 비롯한 전우회 회원 20여 명과 한동주 육군3군단장과 군단장병, 이순선 인제군수와 인제군민·지역 학생 등 250여 명이 참석해 조국을 위해 목숨 바친 백골병단 용사들의 넋을 기렸다.

전 회장은 인사말을 통해 1951년 1월부터 그해 4월까지 백골병단의 유격활동상과 전과 등을 일일이 소개한 뒤 3대째 북한주민을 절망의 구렁텅이로 몰아넣고 있는 북한 김씨 왕조의 허구성과 위협을 지적하고 철저한 국민안보 의식을 당부했다.

김관진 국방부장관도 이날 근조화환을 보내고 백골병단의 숭고한 희생정신을 기렸다.

김 장관은 또 한동주 3군단장이 대독한 추모사를 통해 "생사를 넘나드는 극한 상황 속에서도 불굴의 군인정신으로 나라를 지켜내신 선배님들을 이 땅의 영웅으로 부르고 있다"면서 "우리 군은 백골병단 용사들의 승리의 정신을 계승해 국민이 안심할 수 있는 안보태세를 이어가도록 최선을 다할 것"이라고 약속했다.

추모행사에는 또 지난 2007년 국군 창군 이래 전적지 주변 학생에 대한 첫 장학사업인 '용

전인식(오른쪽) 백골병단전우회 회장과 한동주 육군3군단장이 추모행사를 마친 뒤 전적비 앞에서 담소를 나누고 있다.

용대장학금 전달·충용특공상 시상
美 전국 일간지 'USA TODAY' 취재
"유격대원들 구국 의지 가슴 뭉클"

대백골장학금' 수여식도 열려 용대초교 학생 5명에게 각각 20만 원씩의 장학금을 전 회장이 전달하며 격려했다.

이와 함께 지난해 처음 제정한 충용특공상 수여식을 거행해 육군703특공연대 소속 2명의 부사관이 50만 원씩의 상금을 받았다.

이날 행사는 또 미국 유일의 전국 종합 일간지인 'USA TODAY' 기자가 정전협정 60주년 기획 특집으로 백골병단을 집중 취재해 관심을 끌었다. 현장 취재를 벌인 베이징 주재 칼럼 맥클라우드 기자는 "백골병단의 유격활동상은 마치 영화의 한 장면 같았다"며 "영하 30도를 오르내리는 혹한 속에서 단 14일분의 미숫가루만을 지닌 채 60여 일간 전투를 벌이고 경이적인 전과를 올린 백골병단 장병들의 구국 의지에 깊은 경의를 표한다"고 밝혔다.

맥클라우드 기자는 또 "굶주림에다 얼어죽은 유격대원들의 희생을 들었을 때 너무 숙연해지고 가슴 뭉클해진다"며 "전 회장의 명예회복을 위한 노력도 들었다. 6·25전쟁의 살아있는 전설처럼 느껴졌다"고 말했다.

추모행사는 예년처럼 지역 용대리 주민을 위한 경로잔치를 끝으로 공식적인 행사 일정을 성공적으로 마무리했다.

글·사진=유호상 기자
hosang61@dema.mil.kr

전인식 백골병단 전우회 회장과 회원, 육군3군단장과 지역 군부대장, 용대초등학교 학생 등이 5일 추모 행사를 마친 뒤 백골병단 전적비 계단 앞에서 기념사진을 찍고 있다.

"숭고한 희생, 결코 잊지 않겠습니다"

**6·25전쟁 당시 최초 유격부대
백골병단 추모 행사
오대산·설악산서 혁혁한 전공**

6·25전쟁 당시 육군본부 직할 결사대(일명 백골병단)로 유격전에 참가해 산화한 호국 용사들의 넋을 기리기 위한 추모 행사가 호국보훈의 달을 맞아 5일 강원도 인제군 북면 용대리 백골병단 전적비 앞에서 거행됐다.

이날 행사에는 전인식 백골병단 전우회장을 비롯한 백골병단 전우회 회원, 김병주(중장) 육군3군단장을 비롯한 3군단 장병, 이순선 인제군수를 비롯한 지역기관·단체장, 용대초등학교 학생 등 150여 명이 참석해 선배 전우들의 전공을 되돌아보면서 호국 의지를 다졌다.

3군단장은 기념사를 통해 "백골병단의 활약상은 전후에 특수전력 창설과 현대화, 적지종심작전 등 전투수행방법 발전에 있어 좋은 전례가 됐다"며 "군단 장병들은 선배들의 호국정신과 투혼을 본받아 '위국헌신 군인본분'을 다해야 한다"고 강조했다.

전 전우회장은 "우리 백골병단은 6·25전쟁 당시 한국군 최초의 정규 유격대로 구국을 위해 하나뿐인 목숨을 초개와 같이 버렸다"면서 "정신 바짝 차리지 않으면 제2의 6·25와 같은 참변을 면할 수 없다는 사실을 직시해야 한다"고 말했다.

추모 행사 후 전 전우회장은 용대초등학교 모범학생 5명에게 '용대 백골장학금'을 전달했고, 김 3군단장은 부대발전에 기여한 특공연대 우수부사관 2명에게 충용특공상을 수여했다. 또 3군단은 행사 직후 전우회원 및 행사 참석자들이 함께한 가운데 오찬 간담회를 열고 선배 전우들의 고견을 듣는 소중한 시간도 가졌다.

백골병단은 6·25전쟁 당시 적 정보 수집을 위한 유격대의 필요성을 절감한 육군본부가 1951년 1월 창설한 한국군 최초의 유격대다.

창설 직후 적 지역이었던 오대산·설악산 일대에 침투해 3월 말까지 영하 30도의 혹한과 험준한 산악지형 등에서 변변한 장비 지원 없이 320㎞를 이동하며 적 489명을 생포 및 사살, 총기 204점을 노획하는 성과를 올리며 적 후방지역 교란과 첩보 수집 임무를 훌륭히 수행했다. 특히 백골병단이 획득한 첩보는 적 부대 위치를 고려한 작전계획 수립 등 북진작전 시 중요한 자료로 활용됐다.

이외에도 백골병단은 대남 빨치산 사령관 길원팔 중장과 참모장 등 고위간부 13명을 섬멸하는 전과를 올리는 등 최고의 유격대로 찬사를 받았다.   인제에서 글·사진=유호상 기자

白骨兵團 戰跡碑가 건립되다
백골병단 전적비

1989. 3. 4. ~ 1990. 11. 9. 준공·제막
육군본부 예산지원 8천여 만원, 전우회 헌성 4천여 만원

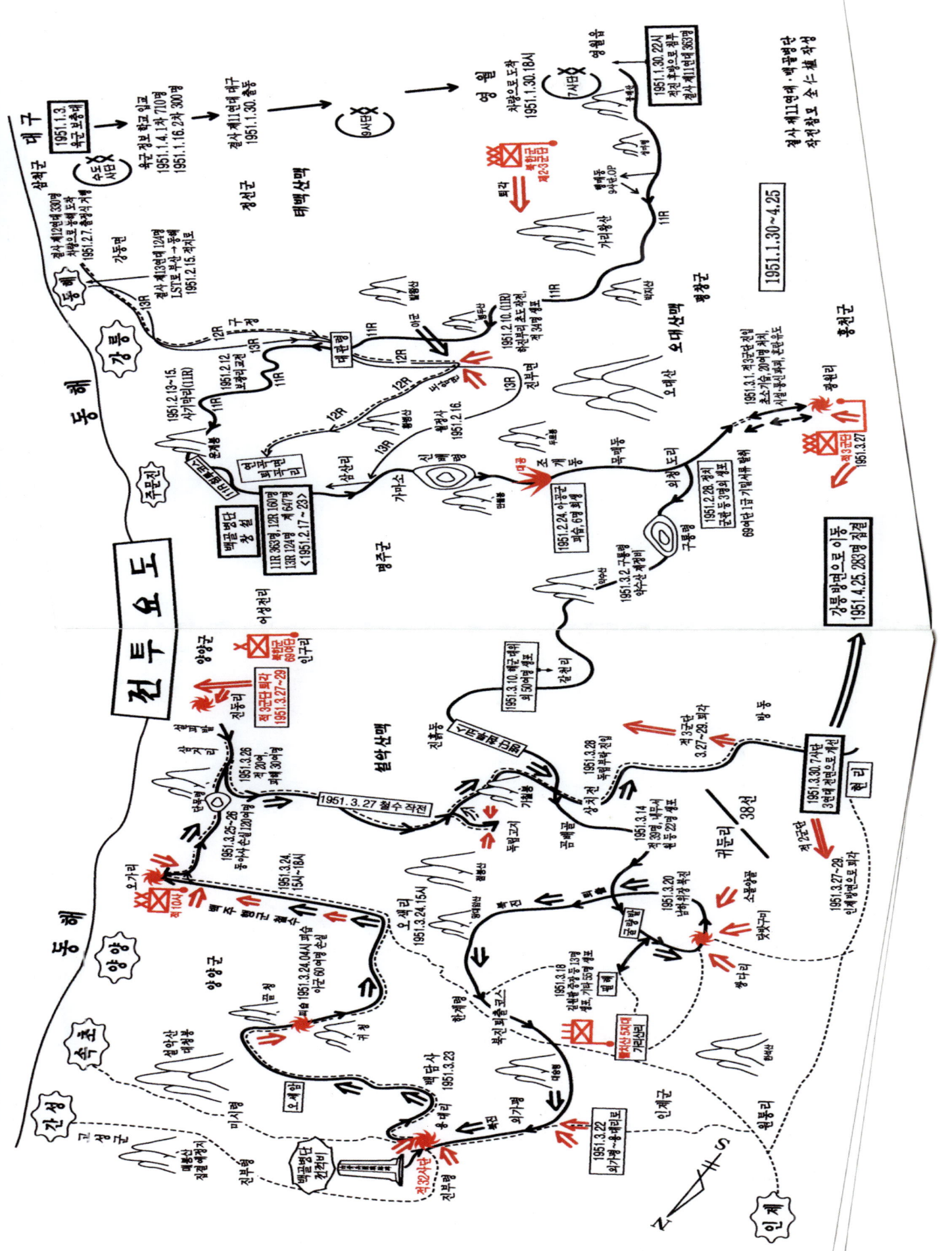

1990. 11. 9. 백골병단 전적비 준공식

제막 줄을 당기는 지휘부 및 참배인사들

육군참모총장 이진삼 대장 일행을 영접하다

전적비를 둘러보는 총장과 전인식 회장

전적비를 향해 계단을 오르는 참모총장과 군단장 등 참배객

국기에 대한 경례를 하는 장성들

제막을 끝낸 참배객
전열 좌 우종림 소장(예), 전인식 회장, 이진삼 총장, 채명신 사령관

= 백골병단 전적비의 개요 설명문 =

백골병단 전적비 건립 취지문

백골병단 전적비의 건립 개요

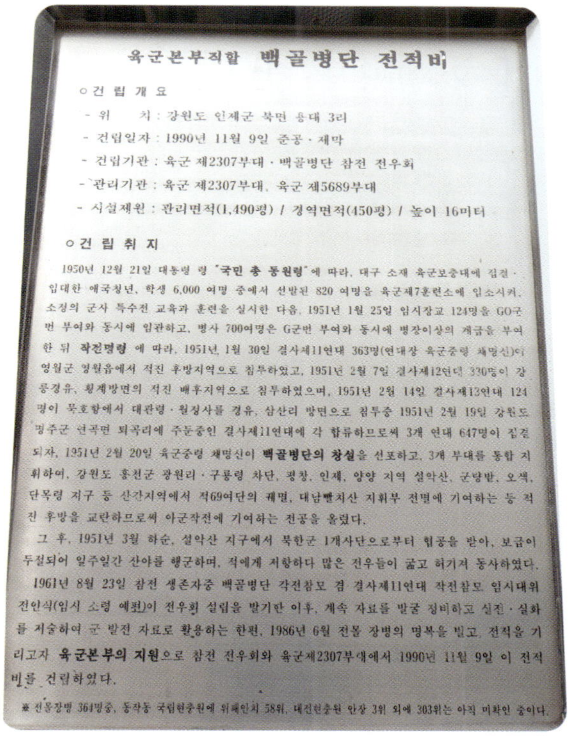

〈백골병단 전적비의 국문과 영문의 안내판〉
국가보훈처가 제작하였다.

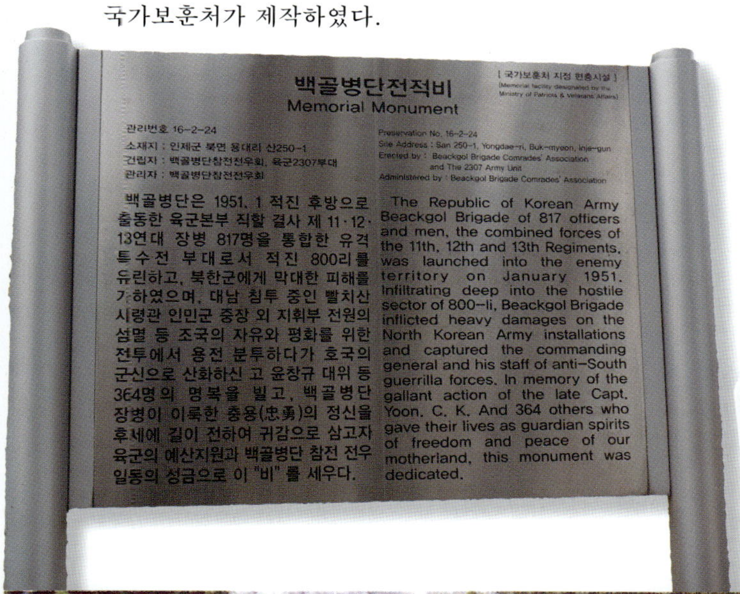

육군본부직할 백골병단 전적비

무명용사 추모비의 비문과 연혁헌성자 명과 헌성 금액이 각인되어 있다.

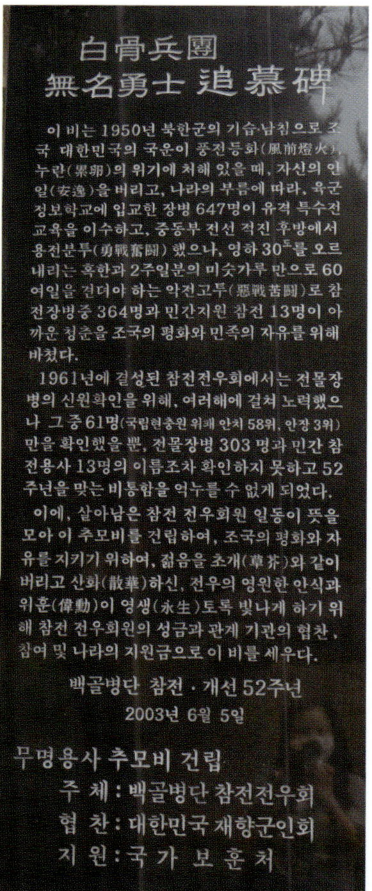

← 용대 초등학생을 위한 장학사업의 헌성비의 제막 광경

6.25 참전용사 증서

1997. 3. 5.에 이르러 정부는 우리들 참전자에게 6.25 참전 유공자의 증서를 (대통령 김영삼·김대중·노무현 명의) 주셨다.

국가유공자 증서

2008년 9월 29일 대한민국 정부로부터 우리들 육군본부 직할 결사대(일명 백골병단) 참전장병 모두는 국가유공자 증서(대통령 이명박 명의)를 받았다.
<백골병단 참전장병은 모두 국가유공자가 되었다>

= 전적비 경내에 세운 헌성비 =

백골병단 전적비 경내를 위한 조경식수 찬조자 명을 기록으로 남겼다.

← 백골병단 전적비 경내에 세워진 조경 찬조자의 기록

용대 초등학생에 대한 장학기금 헌성을 기념하는 비문

백골병단 전적비 보호 방어벽을 준공하고

백골병단 추모식에서 용대 초등학교 장학생 5명과 함께

백골병단 전몰장병 합동 추모식에서 충용특공상을 수상한 703 특공연대 부사관 2명과 함께

방일보　1990년 11월 13일　화요일

「백골의 魂」 가슴속에 영원히

白骨兵團 전적비제막식

이진삼육참총장등 참석

「이제야 설악산과 태백산맥 일대에서 원혼으로 떠돌아 다닐 동료전우들에게 부끄럽지 않게 된 것 같습니다」 지난 9일 하오 3시 강원도 인제군 북면 용대 3리 바위 앞에서 거행된 「백골병단전적비제막식」에 참석한 대한유격 참전동지회장 전인식씨(全仁植·61) 당시계급 임시대위 작전참모는 깊은 회한에 잠긴 울성으로 이같이 말했다.

6·25때 유격대로 혁혁한 戰功
적후방서 첩보수집 "종횡무진"

이날 제막식에는 이진삼 육군참모총장과 채명신 예비역육군중장(64), 지역내 각급기관장을 비롯해 백골병단 참전용사와 유가족 1백여명이 참석해 6·25 당시 혁혁한 백골병단의 숭고한 멸공활약을 기린 백골병단 전공사보국정신과 넋을 기렸다.

지난 6월 13일 착공해 5개월간의 공정을 마치고 이날 제막을 가진 군예산 6천4백76만원과 참전동지회 회원들이 모금한 1천3백만원등 총7천7백76만원의 예산으로 건립됐다.

백골병단은 51년 2월 20일 육군본부 직할유격대인 11, 12, 13연대를 통합 채명신 중령(당시계급)을 지휘관으로 창설된 국군최초의 정규유격부대로 부대원의 적극적인 지원과 육군 2307부대의 해 4백50평에 높이 16m규모로 건립됐다.

전적비 주탑의 세개의 뿔은 유격 11, 12, 13연대를 각각 상징한다.

뿔이 담긴 유격특공장병을 각각 상징한다. 그리고 백색은 고결한 얼이 담긴 백골장병을 상징한다.

뿔의 수는 일부를 비의 받침 2m 80cm는 전물장병의 뿔의 넓이 3m 60cm는 전물장병의 수를, 그리고 백색은 고결한 얼을 상징한다.

백골병단은 51년 2월 20일부터 50일 동안 적의 보급지원을 차단하고 적 사살 5백여명 생포 3백여명의 혁혁한 전공을 세웠다.

특히 용대산, 내설악지역 일대에서 첩보수집 및 적후방 게릴라작전을 전개하면서 아군의 동부산악지역전투를 크게 승세로 기여했다.

그러나 전투중 절일.. 자진하고 적의 포로가 되는 살아남은 자의 고통을 감수하면서 12월 유골 60여명의 대원들이 유언으로 함께 지난해 국립묘지에 안장됐다.

전인식씨는 『30년만에 우리 부대의 전공과 숭고한 전사를 기명한 이 국가와 민족에게 바른 국가관과 투철한 안보정신을 심어주는 안보교육장으로 활용되기를 바란다』고 밝혔다.

[인제=金峰奠 기자]

백골병단전적비 제막식을 마친 이진삼 육군참모총장과 채명신 예비역육군중장(사진 오른쪽), 전인식 회회장(왼쪽)이 당시 전투상황에 관한 이야기를 나누고 있다.
[사진=차희년 기자]

滅私報國정신·전후세대 안보교훈으로

1990. 11. 9 백골병단 전적비 제막식후 (좌) 전인식 회장, 육군참모총장 이진삼 대장과 이날 처음 참석한 채명신 중령(당시)이 이진삼 총장에게 무엇인가 설명하고 있다.

105

1990. 2. 20. 전적비 건립 등 중요 회의록

總會 會議錄

日時 : 1990年 2月 20日   13時 30分

場所 : 서울 麻浦區 西橋洞 "嘉會"
　　　　　　　　　　　Tel (02) 332-4264

案件 : 第1号 1989年 歲入歲出 決算報告.

　　　第2号 戰跡塔 建立 出捐報告.

　　　第3号 會則 改正案

　　　第4号 相助會 設立 同意案

　　　第5号 任員改選. 其他

總會開催通知는 90年 2月 5日字 葉書로
다음 人員에게 發送하다.

1990. 2. 20. 정기총회 회의록
임원선출 결과 (투표)

회　　장 : 전인식 22, 채명신 2, 권영철 1표
부회장 : 권영철 11, 고제화 7, 최윤식 3표
당　　선 : 전인식 회장, 권영철 부회장 결정

추가 24면 있음

국 가 보 훈 처

우 150-010 서울특별시 영등포구 여의도동 17-23 / 전화(02)780-9645 / 전송 780-5925

문서번호 제군35707-269
시행일자 1998. 4. 20.
(경유)

수 신 전인식(서울 마포 서교 466-19 대한유격참전동지회)

참 조

제 목 민원회신

    1. 귀하가 행정 자치부에 제출한 민원이 우리처로 이송되어 민원내용을 검토하고 다음과 같이 회신합니다.

    2. 귀하의 민원요지는 백골병단 전적비 관리유지에 대하여 우리처 의견을 묻는 내용인 바, 백골병단 전적비 관리는 건립기관인 육군 제2307부대와 관리기관인 인제군의 협조를 얻어 시행하는 것이 바람직하다고 판단됩니다.

    3. 끝으로 귀하와 귀회의 건승을 기원합니다.

1998. 4. 14. 우리 전우회는 전적비 유지관리에 관하여 국회, 국방부 등 11개 기관에 요청한데 대하여, 행정자치부장과 국방부장관은 국가보훈처로 넘기고, 국가보훈처는 1998. 4. 20. 전적비의 관리는 전적비 건립기관인 2307부대와 관리기관인 인제군의 협조를 얻어 처리하라는 것

국 가 보 훈 처 

추가 4면 있음

국방일보 | 기획 | 1996년 6월 28일 금요일 (4)

학생신분 구국일념 유격대 자원

나는 「6·25」특집 이렇게 싸웠다

대한 유격 참전 동지회 全仁植 회장

최초 유격대 백골병단으로 參戰

◆6월을 맞아 다시 백골병단 전적비를 찾은 전인식회장. 그는 여생의 할일도 통일을 향한 국가의 안보를 키우는데 기여하는것 뿐이라면서 참전세대의 강한 집념을 나타냈다.

임시계급장 붙이고 적진후방 교란
사선 넘나들며 통신 파괴등 맹활약
51년 北 대남유격대 빨치산수뇌부 완전궤멸 혁혁한 戰功

[김OO섭 기자]

無名勇士 追慕碑
백골병단 303 무명용사 추모비

2003. 5. 30 무명용사 추모비 건립
2003. 6. 5 무명용사 추모비 제막식 거행
나라의 부름 받고 전장에 나가 싸웠는데, 무명용사가 웬 말인가 !!

= 참전 전우회원의 국내외 관광 =

전우회장 전인식이 2002. 9. 4. 중국 동북지방을 탐방하며 두만강에서 북녘을 바라보며

2004. 7. 26 ~ 29일까지 울릉도·독도를 탐방한 참전전우회원 일동의 한 때

베트남 하노이 탐방 = 2005년도 춘계수련회 =

2005. 4. 베트남 하노이 "호치민" 영묘 앞 광장에서

2005. 4. 25 베트남 하롱베이 세계적 자연경관 수상전망대 표석 앞에서

일본 규슈(九州) 한국인 강제 노역장
(2005. 12. 12) (아소탄광)을 찾은 전우회원들

자유중국(대만) 방문
2006. 2. 24 ~ 26(2박3일간)
자유중국(대만)을 찾은 참전전우회원

살신성인
忠 勇 (충용) 碑 = 2006. 6. 5. 건립 제막 =
(고) 尹昌圭 대위 (충남 예산) 1928 ~ 1951. 3. 24. 설악산에서 전사
(윤)(창)(규)

2006. 6. 5. (고)윤창규 대위의
충용비 제막 광경

2006. 6. 5. 제1회 충용특공상 수여하는
류해근 예중장(전 특공연대장)

■ 충용특공상 제정기

　전 육군본부직할결사대 제11연대 제2대대 대대장 윤창규 대위님이 1951. 3. 23. 강원도 인제군 북면 용대리 백담사지구 전투에서 대퇴부에 총상을 입고 철수 중, 1951. 3. 24. 03경 설악산 끝청 서남방에서 적의 기습을 받게 되자, "내가 대대장이다." 라고 고함을 질러, 체포하려고 달려든 적병 수명을 붙들고, 자폭 전사함으로써 아군의 퇴출작전에 기여한 "살신성인" 정신을 빛내기 위하여 참전 전우 일동이 충용비 건립을 추진, 2006. 6. 5. 충용비를 건립·제막하였다.

　그 뒤, 2012. 3. 5. 忠勇特攻賞 제정을 발의하고, 참전전우 일동이 1차로 모금한 2,345만원과 추가 2,655만원을 더한 5,000만원을 기금으로 2012년부터 해마다 6월 현충 추모시 703특공연대 부사관 2명에게 상장과 격려금 각 50만원씩을 지급하고 있다.

글 : 전인식

〈대한민국은 2012. 6. 25. 육군대위 (고)윤창규 님에게 「충무 무공훈장」을 추서하였다.〉

　다음은 충용특공상 기금 헌성자와 그 내역이다.　　　　　　　　(단위 : 만원)

대위(소령) **전인식** 3,540, 예·중장 **류해근** 100, 예·중장 **박종선** 50
커크 박사 **이남표** 30, 중사 **송세용** 100, 중사 **장지영** 100, 하사 **임동욱** 90
소위 **권태종** 80, 중사 **홍금표** 80, 하사 **안병희** 80, 병장 **차주찬** 60
중사 **김중신** 60, 하사 **김송규** 60, 하사 **김항태** 60, 하사 **윤경준** 55
중사 **김종호** 50, 중사 **박승록** 50, 중위 **김인태** 50, 병장 **서인성** 50
소위 **김용필** 30, 중사 **박용주** 30, 하사 **전영도** 30, 병장 **배선호** 30
병장 **최희철** 30, 소위 **황태규** 30, 소위 **오석현** 25, 유족 **박창영** 30
유족 **김한인** 20　　　　　　　　　　　　　　　　　　합 계 5,000만원

〈2014. 11. 28. 특공상 기금 추가(금리·세금 등 대비) 헌성 내역〉 (단위 : 만원)
예·중장 **류해근** 30, 예·중장 **박종선** 20, 예·소장 **신만택** 20
대위(소령) **전인식** 348, 박사 **이남표** 20, 병장 **서인성** 50, 중사 **송세용** 40,
병장 **차주찬** 30, 하사 **임동욱** 30, 소위 **권태종** 30, 하사 **안병희** 30,
중사 **장지영** 30, 중사 **홍금표** 30, 하사 **윤경준** 20, 하사 **김항태** 10,
중사 **김중신** 10, 하사 **김송규** 10, 합계 758만원　**총계 : 5,758만원**

육군본부 직할 결사대 전우회 회장　전 인 식
충용특공상 운영기관 : 육 군 제 5689 부대장

격전지를 찾아서

〈참전전우 25인 2박 3일〉

〈2004. 11. 29〉 영월·평창·대관령·강릉·삼산리·사기막리·퇴곡리·오색리·용대리까지 320km를 탐방하다.

2004. 11. 29. 51년도 적 후방으로 침투한 영월부터 격전지를 탐방

2004. 11. 29. 정선지방 강원랜드에서

2004. 11. 30. 사천면 사기막리를 다시 찾아

2004. 11. 30. 퇴곡리를 찾은 백골병단(창설지) 전우회원

120여명이 아사한 비극의 단목령 입구에서

2004. 11. 30 오색초등학교 앞에서 당시를 설명하다

1988. 4. 3. 단목령(박달재) 입구 아늑한 곳에 병풍에 전사자 명비를 써 붙이고 제례를

2004. 11. 30. 단목령 입구에서 옛날을 설명하다

2004. 12. 1. 용대리 종착지에서 무사귀환 후, 제례를 올리다

종점인 용대리 전적비에서 제례를

= 참전 전우회원의 국내외 관광 =

전우여!! 전우여!!   울릉도·독도 탐방 〈전우회원 8명〉
두만강에서 북녘땅을 바라보며   2002. 9. 4   (2004. 7. 26 ~ 29)

베트남 하노이 탐방
= 2005년도 춘계수련회 =

2005. 4. 베트남 하노이 "호치민" 영묘 앞 광장에서

2005. 4. 25 베트남 하롱베이 유네스코지정 세계적 자연경광 수상전망대 표석 앞에서

일본 규슈(九州) 한국인 강제 노역장 아소탄광   자유중국(대만) 방문
(2005. 12. 12)   2006. 2. 24 ~ 26(2박3일간) 자유중국(대만관광)
   참전전우회원 14인이 함께 했다.

= 참전 50주년 기념 추모제 =

2001. 4. 15. 참전·개선 50주년에

▲ 2001. 4. 15.
백골병단 참전·개선 50주년
합동추모제 강신 및 초헌례
전인식 회장의 재배, 헌주 광경

■ 2008. 7. 25. 용대백골장학회와 용대리가 공동 주최한 경노잔치

때 : 2008. 7. 25, 장소 : 용대3리, 참석인원 : 180여명
용대백골장학회 : 6,400만원 (육직 결사대 전우회 주관)

용대백골장학회와 지역 용대장학회
합동경노잔치를 지원하는 부녀회장
단과 지역군수 및 경노 노인들

■ 경노 오찬 식장의 모습

◀ 경노 행사에 앞서 인사하는 인제군수

경노행사에
앞서
인사하는
전인식
회장

제15099-04호

대한민국

표 창 장

1994년 3월 5일

대통령 김영삼

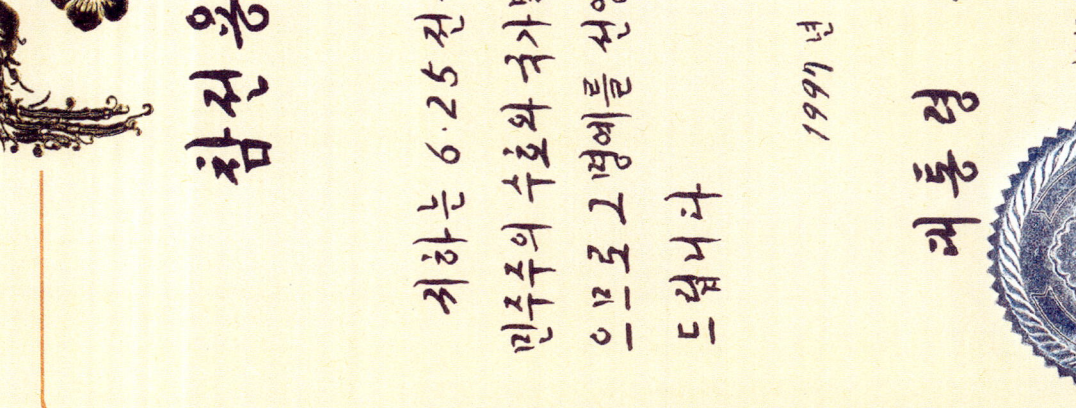

제15099-11호

대한민국

표 창 장

2008년 9월 29일

충남·전남북 지방 및 백두산 관광

2006年 夏季研修會에서   2006. 7. 26~28 충남, 전남북지방 연수

2006. 7. 27. 전남지방 탐방 중 진도에서

2006. 7. 28. 전북 남원 광한루에서

2006. 7. 28. 하계연수회에 참가한 회원들

2006. 7. 27. 전인식(필자)의 생일 축하 회식장면

민족의 영산 백두산을 찾아
<2007. 4. 29>

2007년도 춘계 해외연수
고구려·발해 유적지에서

2007. 4. 30. 옛 고구려의 광개토대왕비를 배경으로 한 회원과 가족들
(광개토대왕비가 뒷면에 보인다)

◀ 2007. 4. 30. 옛 발해국을 탐방 고분을 배경으로 한 전우회원 들

해외 독립운동 유적지 및 국내외 탐방

2009. 1. 18 중국 상해 대한민국임시정부 구청사(유적지)

매헌 윤봉길 의사의 의거현장에서 = 2009. 1. 18 전우회 유적지 탐방 =

중국 곤명·석림에서

2010. 3. 31 ~ 4. 4 중국 곤명 석림에서

곤명 석림에서 류해근 장군 내외

천년의 고도 불국사에서

진주 촉성문에서

격전지 탐방 및 군부대 위문

1993년 8월 5일 42년여 만에 백담사를 찾은 전인식 회장과 권영철 부회장

1995년 9월 20일 백골병단 전적지 답사를 위해 백담계곡을 거쳐 대청봉에 오른 전우회 전인식 회장과 권영철 부회장, 류탁영 이사

1989년 9월 23일 설악산, 계곡 이름모를 폭포에서 희생된 60여명의 전우를 찾기 위해 계곡을 답사하는 전우회장 전인식

2003. 6. 5. '개선 52주년' 기념식과 303 무명용사 추모비의 제막을 하는 참전전우 회원과 내빈들

1988년 12월 8일 703특공연대 장병에게 위문품(돈육 450kg)을 전달하다

1989년 7월 14일 703특공연대에 위문품을 전달하는 참전전우

1989년 9월 5일 신임 류해근 연대장에게 지휘봉을 증정하다

■임시 육군대위 (고) 현규정 외 2인의 영결식

■격전지(단목령) 전우의 유골을 찾아서
(1989. 4.22 ~ 23 인제군 기린면 진동리에서)

단목령(인제군 기린면 진동리 설피밭 야산에서 유골탐방 개토제에서 전인식 회장의 조사)

유골탐방 개토광경(현규정 대위, 이하연 소위, 이완상 병장이 이곳에서)

1951년 3월 25일 설피밭 퇴출 작전에 투입된 결사 제11연대 제1대대장 현규정 대위 등 30여 명의 장병 중 희생된 장병의 유해 3구를 전사한지 38년만인 1989년 4월 25일 발굴했다.

■유해 대전 국립묘지 안장

1990년 8월 30일 대전 국립현충원 장교묘역과 사병묘역에 고 현규정 대위와 고 이하연 소위, 고 이완상 병장이 참전전우 일동이 묵념하는 가운데 각 안장되었다.

1993년 11월 18일 대전국립현충원을 예방한 전인식 회장과 권영철 부회장이 고 이완상 병장의 묘소를 참배하고 있다.

1987년 3월 이후 백골병단 참전전우 일동은 동작동 국립현충원을 참배하여 전몰장병과 순국선열을 추모하였다.

백골병단 결사 제11연대 김원배 대위 외 5인의 전몰장병에 대한 위패를 전사한 지 49년 6개월만인 2000년 8월 7일 국립현충원(동작동 국립묘지)에 봉안하고 참전전우 일동이 헌화 분향하였다.

= 울릉도 · 독도 · 충남 · 전남 순례 =

2004. 7. 27. 울릉도, 독도를 탐방한 전우일동

2005. 7. 16. 하계 연수회에 참석한 전우회원들이 전쟁기념관 2층 백골병단 전시물을 탐방하였다.

2006. 7. 27. 충남, 전·남북 지방을 순례한 전우회원들
(이날이 전 회장의 78세 생일이었다)

▶

2008. 7. 12. 신안군 도초면 갈매리를 탐방한 전우회원들
이날 80세가 되는 7인의 전우

2011. 3. 24. 전우회원 일동이 제주도를 탐방하며

2015. 9. 7. 백마사단에서 참전전우 권태종 소위가 화랑무공훈장을 전수받았다.

陸軍本部 直轄 決死隊
(백골병단)
60年史

〈발행: 2010. 1. 4.〉

= 主要內容 =
제Ⅰ편 한국전쟁 배경 6.25남침, 정규유격부대
제Ⅱ편 백골병단 창단, 적 중장 생포, 퇴출작전
제Ⅲ편 관련화보 등 기록(1962~2009년)
제Ⅳ편 참전전우 명예회복·현역복무확인
제Ⅴ편 참전전우회 활동
제Ⅵ편 참전 전우의 증언
　참고 : 60年史 관련 日誌

監　修 : 예비역 陸軍中將 柳海楫
原稿 집필 : 전우회장　全仁植
編　纂 : 60年史 편찬위원장 林東郁

發行 : 陸本 直轄 決死隊 戰友會
(직) 02)325-4896

代行 : (주)건설연구사 Tel 02)324-4996, Fax 338-1153
서울특별시 마포구 서교동 377-2　2층

자유·평화·영광을!!

6.25의 노래(육이오의 노래)

박두진 작사/김동진 작곡

1절 아아 잊으랴 어찌 우리 이 날을
조국을 원수들이 짓밟아 오던 날을
맨주먹 붉은 피로 원수를 막아내어
발을 굴러 땅을 치며 의분에 떤 날을

[후렴]
이제야 갚으리 그날의 원수를
쫓기는 적의 무리 쫓고 또 쫓아
원수의 하나까지 쳐서 무찔러
이제야 빛내리 이 나라 이 겨레

2절 아아 잊으랴 어찌 우리 이날을
불의의 역도들을 멧도적 오랑캐를
하늘의 힘을 빌어 모조리 쳐부수어
흘려온 값진 피의 원한을 풀으리

3절 아아 잊으랴 어찌 우리 이날을
정의는 이기는 것 이기고야 마는것
자유를 위하여서 싸우고 또 싸워
다시는 이런 날이 오지 않게 하리

장학생 6명에 대한 용대 백골장학생에 대한
장학증서 및 장학금 전달

↓ 헌화 분향후 경례하는
참전전우회 임원과 회원 일동

추모사를 하는 전인식 참전 전우회장

폐식 일동 경례 하는 모습

헌화하는 류해근 예비역 중장과
정중민 예비역 중장

해외 독립운동 유적지 및 국내 탐방
2009. 1. 18 중국 상해 〔대한민국임시정부 구청사〕(유적지)

2009. 1. 18. 매헌 윤봉길 의사의
의거현장을 찾은 전우회원

윤봉길(尹奉吉) 의사의 "의거비"에서
추모하는 참전전우 일동

중국 곤명·석림에서

2010. 3. 31.~4. 4. 중국 곤명 석림에서
류해근 장군 내외

중국 곤명 석림을 찾은 전우회원의 한 때

2013. 11. 26. 천년의 고도 불국사에서

2013. 11. 25. 진주 촉성문에서

2010. 3. 5. 명예의 전당 현판을 제막하고 있다.

육군본부 내에 설치된 전사자 명예의 전당에 헌액된 명판을 살피는 전인식 회장

명예의 전당을 살펴보고 있는 전우회원들

명예의 전당을 참관하는 전우 일동

육군본부는 6.25 참전 59년 만에 이색적인 전역식을 거행하다

= 1951. 4. 15 ~ 2010. 6. 25 =   〈전역자 : 전인식 소령 外 26명〉

전역자 일동의 거수경례

전인식 소령이 인사하고 있다

전인식 소령의 전역식 후 경례

전역식 후 인사사령관과 함께

인사사령관과 함께

2010. 6. 25. 전역한 전인식 소령의 인터뷰

2010. 6. 25. 전역식 후 인터뷰하는 전인식 소령

<백골병단 26용사 59년 만에 '늦은 전역식'>

한국군 최초의 유격대로 창설돼 북한지역에서 혁혁한 전공을 세운 '백골병단'의 생존 용사 26명의 전역식이 25일 계룡대 육군본부 연병장에서 열렸다. 전역자들이 가족들로부터 축하 꽃을 받고 있다.

육군에서 새로 마련해 준 최신 군복을 60년만에 제대로 갖춰 입고 전투화 끈을 힘껏 움켜 당긴 26명의 용사들은 6.25전쟁의 가슴 아픈 상처를 잠시나마 잊은 채 마치 전장 터를 누비던 현역 군인시절로 되돌아간 듯이 당당한 모습으로 후배들 앞에 섰다.

박승록(82) 중사는 "59년 만에 다시 군복을 입었다."라며 "생각지도 못한 전역식을 마련해준 육군에 고맙기도 하고 한편으론 이미 세상을 떠난 전우들 생각에 마음이 무겁다."라고 늦은 전역식에 대한 감회를 밝혔다.

백골병단은 1951년 1.4후퇴 당시 적의 정보수집을 위한 유격대의 필요성을 절감한 육군본부에 의해 647명으로 창설됐다. 같은 해 6월까지 북한 강원도 지역에서 임무를 수행했으며, 작전을 수행하는 과정에서 364명의 전우가 전사했다.

강원드 인제군 필례 마을에서 인민군 대남 유격대 총사령관이자 인민군 중앙당 5지대장인 길원팔 중장을 비롯한 참모장 강칠성 대좌 등 고급 간부 13명을 생포했다.

이들은 창설 두 달 만에 300여명의 적군을 생포했고, 북한군 69여단의 전투상보 등 기밀문서 노획, 적 초소 파괴, 통신선 차단 등 적진후방 교란작전을 펼쳤다.

현재 50명이 생존해 있으며, 거동이 불편한 전우를 제외한 26명이 전역식에 참석했다.

충성! 60년만에 전역을 명 받았습니다

대한민국 첫 유격대 백골병단 26용사

2010년 6월 25일 금요일　　제 5647 호　　문화일보

육군본부 직할 결사대인 백골병단 소속 26명의 팔순 노병들이 25일 오전 충남 계룡시 계룡대 대연병장에서 60년 만에 감격적인 전역신고를 하고 있다.
계룡=김연수기자 nyskim@

백발의 노병들 오늘 '눈물의 전역식'
800명 결사대 적후방 침투 맹활약
적에겐 공포 대명사…36명만 생존

■"충성! 6·25참전용사 소령 전인식 등 26명은 2010년 6월25일부로 전역을 명 받았습니다."

25일 오전 충남 계룡시 계룡대 연병장에서는 아주 특별한 전역식이 열렸다. 대한민국 유격대의 효시인 '백골병단' 소속 백발의 팔순 노병들이 가족과 후배장병들이 지켜보는 가운데 박종선(육군 중장) 육군 인사사령관 앞에서 60년 만에 전역신고를 한 것이다.

노병 대표인 백골병단 전우회 전인식 회장은 "종전 60년 만에 후배들이 마련해준 군복을 다시 입고 계급장도 달고 성대한 퇴역을 할 수 있게 돼 먼저 하늘나라에 가있는 전우들을 포함한 전 백골병단 장병 이름으로 감사드린다"며 감격의 눈물을 흘렸다.

전 회장은 "2주일 분량의 미숫가루와 탄약만으로 적배후에 침투해 60여일간 상상조차 하기 힘든 최악의 상황에서 사지를 넘나들 수 있었던 것은 오직 '나라가 없으면 자유도 없고 생존도 없다'는 일념 때문이었다"고 회고했다.

중공군 개입으로 후퇴하던 육군본부는 애국청년학생 800여명을 급히 차출해 육군정보학교에서 3주간 특수훈련을 시켜 결사대를 1951년 1월 4일 창설, 장교 124명, 700여명의 부사관·병에게 임시 군번과 계급을 부여한 채 적 후방에 침투시켰다.

전 회장은 "강원북부 오대산·설악산 일대에 침투해 고산준령과 혹한에 대비한 변변한 장비 하나 없이 전 대원이 하루에 20~30km를 이동하면서 혁혁한 전과를 올려 적에게는 공포의 대명사가 됐다"고 말했다. 인민군 대남유격대 총사령관 길원팔 중장 등 고급간부 13명 전원을 생포해 빨치산 지휘부를 전멸시켰고, 노획한 1급기밀서류를 아군지역에 보내 적을 괴멸시켰지만 작전수행중 절반이 넘는 364명이 사망, 실종했다.

1951년 4월25일 결사대가 미8군에 배속되면서 정식 군적이 없는 신세가 됐고, 전역증을 받지 못해 재입영 소집증이 나와 또다시 현역복무를 해야 했다. 현재 생존 조병은 전역식에 참석 못한 10명을 포함해 36명에 불과하다.

"살아 있는 백골병단 노병들은 나라사랑과 유비무환(有備無患), 사중득생(死中得生)의 신념으로 뭉쳐 조국 보위와 무궁한 발전을 위해 남은 여생을 바치겠습니다." 육군 명예의 전당에 안치된 '백골병단 전사자 60위' 앞에 선 노병들의 다짐이다.

정충신기자 csjung@munhwa.com

전역자 일동의 모습

전역식 후 인사사령관 박종선 중장과
전인식, 송세용, 권태종, 김종호, 김항태 전우 등

역식 후 오찬장에서 인사하는 인사사령관 박종선 중장

참전전역 장병을 대표한 전역사 광경

전역 답사 흐 육군인사사령관 박종선(중장)과
악수하는 전인식(소령) 회장

국민의례에서 순국선열 및 백골병단 전몰장병에 대한 묵념

전역식 후 "충성"을 외치는 참전 전역자 일동

카퍼레이드 후 본부석으로 오르는 전우들

전역식 후 오찬장에서 인사하는 전인식 소령

전역식 후 오찬장의 모습

전역식 후의 카퍼레이드

전역축하 케이크 절단

전인식 소령의 가족들

전인식 소령의 가족들

전인식 소령의 가족과 함께

전역식을 마치고 귀환하다

전역자 일동

전인식 소령의 카퍼레이드

전역 축하사열에 오른 전인식 소령의 늠름한 모습

전역자의 카퍼레이드

전인식 소령의 인터뷰

2010. 6. 25.
참전 59년만에 전역한
백골병단 출신
전인식 소령의 사열 및
참전전우의 카퍼레이드

2010. 6. 25. 육군본부(계룡대) 대연병장장에서 6.25 참전 59년만에 전역을 한 장인식 소령(첫줄 좌.우 5번)과 전역자

'배꼽병단' 영웅 26명 59년만에 전역식

한국 최초 특수유격부대
敵地 한가운데 투입돼 싸워
"군번도 없었느니 소원 이뤄"

"충성! 6·25참전용사 소령 전의신 등 26명이 2010년 6월 25일부로 전역을 명받았습니다."

25일 오전 충남 계룡대에서 국군 최초 특수 유격부대인 '배꼽병단' 생존 용사들은 6·25 전쟁 당시 혁혁한 공을 세웠지만 정식 제대식도 받지 못한 채 군을 떠나야 했다. 신종득 기자 shin69@chosun.com ⓒ 동영상 chosun.com

25일 오전 충남 계룡대에서 국군 최초 특수 유격부대인 '배꼽병단' 생존 용사들이 6·25 전쟁 당시 혁혁한 공을 세웠지만 정식 제대식도 받지 못한 채 군을 떠나야 했다.

이들은 6·25전쟁이 소강 상태이던 1951년 1월 창설된 한국군 최초의 특수 유격부대인 '배꼽병단(白骨兵團)' 생존 용사 26명이 6·25 전쟁이 발발한 지 60여년 만에 노병들을 위해 마련한 특별한 전역식에 참가하기 위해서였다. 이들은 6·25전쟁 당시 적지에 투입돼 탁월한 전공을 세웠으면서도 군이 신분을 인정하지 못해 정식 군인의 신분도 받지 못했던 불운의 용사들이다.

배꼽병단은 1951년 1·4후퇴 이후 적 후방지역에서 비정규전 수행과 적 정보수집을 위해 육군본부가 창설한 우리 군 최초의 정식 유격부대다. 시군은 육군 보충대에서 지원을 차출해 대구 정보학교에서 훈련을 시켰다. 그해 1월 말부터 유격결사 11연대 363명, 12연대 360명, 13연대 124명이 1주일 단위로 강원도 적지에 투입됐다.

이들은 적지에서 한 부대로 통합해 '배꼽병단'이라고 이름을 짓고 유격활동을 펼쳤다. 최초 11연대 이름 업동을 펼쳤다. 최초 11연대 이름 활동신(이후 주월한국군사령관 역임) 중령이 지휘했다.

당시 이 부대 작전참모였던 전희장은 "작전투입 당시 우리는 인민군복장으로 위장하고 미숫가루와 고추장, 소금 등 약 2주일치 식량만 갖고 있었다. 이들 중 3월 중순 강원도 인제군 팔레미 마을에서 조선군사단 제2제대 마적 중장이 인제군 홍천군에서 남하까지 싸우는 전투(戰士)들이었다"고 했다.

배꼽병단은 3주일 정도 간단한 훈련을 받은 뒤 투입됐지만, 약 60일 작전 뒤 궤멸적인 피해를 입었다. 적의 기습 공격을 받아 전진 기지를 버리고 후방으로 퇴각을 시도 했다. 작전 한가운데 투입돼 적 조준을 빠져나와 아군 전선까지 도달해야 하는 주요 생명을 담보로 하는 전투를 맡았던 결정적인 순간을 속였다. 이

들이 강원도 강릉에 도착했을 때 전체 병력 647명 중에 생존자는 283명에 불과했다. 절반이 넘는 364명이 산화한 것이다.

무사히 복귀했어도 그들에게 영광과 명예는 없었다. 당시 군 수뇌부는 북한 후방 중심 군번과 계급을 부여하겠다는 약속을 지키지 않았다. 규정이 달라졌다는 것이었다. 결국 이들은 그해 4월 미 8군에 배속됐다가 두 달 뒤 제대식도 받지 못한 채 군을 떠날 수밖에 없었다. 군 관계도 지지 않아 나아 있다. 군 관계자는 "배꼽병단 용사들 중에는 나중에 다시 군대에 징집돼 군 복무를 한 사람도 있고, 그러지 못한 나머지는 이들도 생사를 함께한 동료들의 이름을 하나하나 찾았다. 이들 중 생사를 함께 기리거나 명예로운 자리에는 사자가 못한 동료들 이름을 하나하나 만지며 뜨거운 눈물을 내렸다.

긴 사람도 있다"고 말했다. 유군 관계자는 "지난 2004년 대통령이 따라 배꼽병단 전우들의 계급과 복무기간 전투를 인정했지만 '하지만' 그때도 법적 보상은 이뤄졌지만 전역 행사 등 그들을 예우하는 행사는 열지 못했다"고 말했다.

이날 전역행사를 마친 배꼽병단 용사들은 먼저 세상을 떠난 전우 60명의 이름이 새겨져 있는 유대 명예의 전당을 찾았다. 이들은 생사를 함께 했지만 이날처럼 명예로운 자리에는 서지 못한 동료들 이름을 하나하나 만지며 뜨거운 눈물을 내렸다. 장일현 기자 ihjang@chosun.com

육직 결사대 **70년의 발자취**

1950. 12. 21.   국민 총 동원령 : 국민방위군 설치법 공포
1950. 12. 2.   미8군사령관 전 전선에서 철수 명령 하달, **1.4 후퇴 개시**
1951. 1. 3.   보충대 → 710명 육군정보학교로 차출 (입교 51.1.4.)
                결사 제11연대 : 363명 (1/30), **결사 제12연대** : 330명 (2/7)
                결사 제13연대 : 124명 (2/14)   = **총 817명** =
1951. 2. 20. 白骨兵團 창설, 3개 연대 통합 (647명)
1951. 3. 30.   강원도 인제군 기린면 방동 상치전 부근으로 귀환   7사단 3연대 수색대
1951. 4. 15.   미8군 예하커크랜드 부대로 예속 변경   〈개선 : 260명 ⇒ 283명〉
1951. 6. 28.   전인식 커크랜드에서 제대

1961. 8. 23.   대한민국 유격군 참전 전우회 (가칭) 발기, 대표 전인식 외 3인
1987. 3. 28.   허은구 소위 **최초로 전사 확인** 받음. 이후 57인 동작동 위패 안치함
1989. 12. 13.   현규정 대위 외 2인 **유골 발굴 영결식**, 국립 대전 현충원 안장 3인
1990. 11. 9. 白骨兵團 戰跡碑 건립·제막 (李鎭三 대장 적극지원) 전우회 협찬
1997. 3. 5.   **6.25 참전 용사 증서** 수령 (대통령 김영삼)
2003. 6. 5.   **무명용사** (303인 외 민간참전자 13인) **추모비** 건립·제막
2004. 3. 2.   국회 245차 제11차 본회의 만장일치 특별법 제정 의결
2004. 3. 22.   **법률 제7,200호 공포**, 적 후방지역 작전 수행 공로자를 위한 현역복무 인정
2004. 11. 11.   **대통령령 제18583호 법 시행령 공포·시행**
2006. 6. 5.   **살신성인 (고)윤창규 대위 충용비 건립·제막**
2006. 12. 19.   용대 백골장학회 설립 (기금 6,400만원, 헌성 전우회)
2008. 9. 29.   **국가유공자 증서** 수령 (대통령 이명박)
2010. 3. 5.   **육군본부 내 명예의 전당에 백골병단 전몰장병 60위 헌액**
2010. 6. 25   육군본부 광장에서 참전 장병 26인 (신병 불참 7인) **전역식 거행**
2011. 4. 7.   **전쟁기념관 전사자 60인 명비 현각**
2011. 11. 11.   전적비 보호·방호벽 건립 (4,550만원·전우회 전인식 찬조 2,500만원)
2012. 3. 21.   **충용특공상 제정 시행**, 기금 5,740만원, **전우회 헌성** : 관리기관 육군 제5689부대
2012. 6. 25.   **전인식 소령 등 9인 무공훈장 수장** (충무 3, 화랑 6) (김용우 백마사단장 전수)
2015. 7. 27.   권태종 소위, 이익재 하사 **화랑무공훈장** 수상 (9. 7. 강천수 백마사단장 전수)
2016. 4. 14.   참전 65주년 행사 기획 집행 (전쟁기념관 대연회실)
2020. 6. 25.   오봉탁 중사, 권영철 중위, 최인태 소위, 신건철 중사, 이명진 하사, 이명해 하사,
                나명집 중위 화랑무공훈장 추서(7인)

全仁植의 공적비가 건립되다
2002. 10. 15. 전적비 입구 주차장 옆에 세우다

2009. 1. 18. 상해 임시정부 청사를 찾아서

◀ 윤봉길 의사의 의거 현장을 찾은 전우회원
  촬영 : 전인식

2012. 6. 5. 백골병단 전적비에서 참전 개선 61주년 추모식

참전전우회원들의 입장 모습(앞 전회장)

전우회원들의 입장 행렬

제3군단장 한동주 중장의 입장 모습

한동주 군단장을 영접하는 전인식 회장

식장에 자리한 참전전우회원들

식장에 정렬한 참배객

식장에서 경례하는 참배객

국군 최초의 정식 유격대 60일간의 작전 지금도 전설

육군본부직할 결사대 (일명 백골병단) 전우회
6·25 참전 개선 60주년·56회 현충 추모행사

육군본부직할 결사대 전우회(일명 백골병단·회장 전인식)은 지난 3일 강원 인제군 북면 용대3리 산 250-2 백골병단 전적비 앞 광장에서 '6·25 참전 개선 60주년 및 56회 현충 추모식'을 엄수했다.

이날 행사에는 전인식 전우회장과 백골병단 출신 참전 용사, 육군3군단장과 12사단장, 지역 내 각급 부대 장병, 인제 군수와 지역 향군회장·회원 등 지역 내 각급 기관·단체장들이 대거 참석해 60여 년 전 지역에서 순국한 선열들의 넋을 위로하고 백골병단 소속 전몰 장병 360여 위의 위훈을 기렸다.

이 자리에서 전 회장은 추모사를 통해 "백골병단 결사대원은 조국의 자유와 평화, 그리고 내 이웃과 부모형제를 지킨다는 일념만으로 태백과 설악을 잇는 험준한 산령에서 60여일간 피나는 전투를 했다"며 "오늘 이 자리에서 당시 전투로 희생된 전우들의 넋을 기리고 호국 의지를 다시 한번 다지게 된다"고 강조했다.

전 회장은 또 "북한 도당은 지금도 세계적으로 그 유례를 찾을 수 없는 3대 부자 세습을 획책하고 있다. 그것이 북한이란 점을 직시해야 하며, 저들의 위협에 정당한 대응을 해야 한다"고 주문했다.

이날 행사에서는 또 지역 내 용대초등학교 학생 5명에 대한 장학금 전달식도 열려 100만 원이 전달됐다.

올해 5회째인 장학금은 전우회가 지역 내 안보 공감대 확산 차원에서 시작했으며, 특히 지역 사회에 전적비에 대한 관심과 정화작업 등을 이끌어낸다는 의미도 담고 있다.

전우회 관계자는 "장학사업은 지역 내 어린이들에게 '안보의 씨'를 뿌리는 것과 같다"며 "6·25전쟁의 살아 있는 역사를 백골병단의 살신성인·우국충정으로 승화한다는 차원에서 장학사업의 의미는 크다"고 강조했다.

용대리 주민 김영천(75) 씨는 "우리 마을에 6·25전쟁 때 혁혁한 공을 세우고 전사한 국군의 넋을 기리는 전적비가 있다는 것 자체가 영광"이라며 "지역 주민들이 틈나는 대로 전적비 주변 잡초를 뽑거나 오물 등을 정리 하는 것으로 전적비를 살피고 있다"고 말했다.

행사를 마친 뒤에는 주역 주민들을 위한 작은 경로잔치가 주변 식당에서 열렸다.

잔치에는 70여 명의 노인들이 참석해 준비한 음식과 기념품을 받고 덕담을 나눴다.

노인들은 "그저 고마울 따름이고 반갑기만 하다"며 "해마다 이맘때 찾아오는 전우회원들의 수가 줄어들어 안타까운 마음 금할 수 없다"고 말했다.

계획된 지역 행사를 모두 마친 전우회원들은 오후 시간에 60여 년 전 전적지 답사에 나서 강원도 인제와 속초, 한계령 등 과거 자신들이 퇴각하던 격전지 곳곳에 내려 과거의 전쟁담을 나눴다.

글·사진=유호상 기자
■ 편집=김애란 기자

강원도 인제군 북면 용대3리 산 250-2에 있는 육군본부직할 결사대(일명 백골병단) 전적비.

■ 육군본부직할 결사대

육군본부 직할 결사대(일명 백골병단)는 1951년 1·4 후퇴 당시 적정 수집을 위한 유격대의 필요성을 절감한 육군본부에 의해 51년 1월 647명으로 구성된 대한민국 최초의 정식 유격대로 창설됐다. 이들은 당시 1·4 후퇴로 다시 위기를 맞은 조국을 구하고자 적 후방에 깊숙이 침투, 각종 정보를 수집하고 적 고위간부를 생포하는 등 혁혁한 전과를 올렸다.

51년 2월 3일부터 3월 30일까지 60여 일간 당시 적 지역이었던 오대산·설악산 일대에 침투해 고산 준령과 동계 혹한에 대비한 변변한 장비 지원없이 전 대원이 동시에 하루에 20~30km를 이동하면서 적 후방 교란, 적 연락장교 생포, 지휘소 습격, 적 치안시설 습격·파괴 등의 임무를 완벽하게 수행했다. 이때 2주일분의 미숫가루 보급만으로 2개월간 적진 배후작전을 성공적으로 완수하고 강릉시로 귀환한 전투사는 지금까지도 전설로 통하고 있다.

51년 3월 18일 강원도 인제군 필레 마을에서 인민군 대남 유격대 총사령관이자 인민군 중앙당 5지대장인 길원팔 중장을 생포했고, 참모장 강칠성 대좌 등 고급 간부 13명도 생포하는 빛나는 전공을 세웠다.

불과 두 달 만에 300여 명의 적군을 생포했고, 적 69여단의 전투상보 등 기밀문서 노획과 적 초소 파괴, 통신선 차단 등 적진 후방 교란작전을 펼쳤다.

백골병단은 51년 6월까지 강원도 북부지역에서 임무를 수행했으며, 작전을 수행하는 과정에서 364명의 전우가 전사했다.

백골병단은 2010년 6월 25일 참전 개선 59년 만에 계룡대 연병장에서 전역식을 거행했다.

6·25전쟁 당시 임시계급을 부여받고 전투에 참전했으나 당시 급박한 전황과 부대 사정으로 인해 전역행사를 갖지 못하다가 전쟁 발발 60주년을 맞아 전역식을 가진 것이다.

이와 함께 육군본부 내 명예의 전당에도 60위의 명비를 현각했으며 올해 4월 7일에는 용산 전쟁기념관내 전사처 명비에도 전몰 장병 60위를 현각하는 등 명예를 회복한 바 있다.

"조국의 부름에 생사 겨를 없이 달려갔다"

전인식 전우회장

"전역식도 가졌고 육군본부와 전쟁기념관에 전몰장병 60위 현각도 하는 등 백골병단의 명예를 많이 회복했지만 아직도 무명용사 303인의 이름조차 찾지 못한 아쉬움과 울분이 남아 있지."

지난 3일 강원도 인제군 북면 용대리 백골병단 전적비에서 추도식 행사를 마친 뒤 자리를 함께한 육군본부직할 결사대 전인식(사진) 전우회장은 아쉬움을 이렇게 토로했다.

지난해 행사 때 전한 뒷말과 별반 차이가 없는 이 말 속에 진한 아쉬움이 묻어났지만, 그래도 오랜만에 함께 온 전우들과 덕담을 나눌 수 있어 감개무량하다는 소감도 털어놨다.

전 회장은 "조국의 부름에 아무런 대가 없이 전선에 달려가 무작정 적과 맞서 싸웠다. 삶과 죽음의 경계를 생각할 겨를도 없었다"며 "지금도 찾지 못한 당시의 전우들을 생각하면 당시 전투가 지금도 생생하고 피가 끓어 오름을 느낀다"고 60여 년 전을 회상했다.

이날 행사에 참석한 전우들은 이른 아침 서울 마포구 합정동에서 함께 출발한 전우와 현지에서 개인적으로 합류한 전우까지 합쳐 20여 명.

지난해보다 대략 대여섯 명이 준 숫자인 점도 전 회장은 가슴 아프다.

전 회장은 "숙원사업 대부분이 해결돼 전우들과 반갑게 재회하지만 여전히 가슴 한쪽이 시리고 아프다"며 "해마다 그만해야겠다고 작정하고 추도식 때마다 회원들에게 선언하지만 지키지 못하고 있다. 계속 회장으로 남아 달라는 무언의 간청에 훌훌 털 수가 없다. 기력이 남아 있을 때 할 일은 반드시 할 생각"이라고 진한 아쉬움의 뒷끝을 풍겼다.

생사고락을 함께한 전우들을 위해 아직 할 일이 남아 있다는 생각은 아마도 전우회장으로서의 책임감과 사명감 때문으로 읽혀졌다.

전 회장은 6월이 가장 바쁘다.

이날 행사 중간중간에 각급 부대에서 안보강연 요청 전화가 계속 울렸다.

전 회장은 "오는 16일 육군73사단 안보강연 초청행사, 그리고 24일 육군특전사 6·25전쟁 특별 초청행사 등이 줄지어 있다"며 "시간과 기회가 닿는 전우들과 함께 갈 생각"이라고 말했다.

전 회장은 "우리 백골병단을 최초의 특전사로 부르는 경우도 있다"며 "하지만 중요한 것은 우리는 60여 년 전 오직 조국을 위해 한 몸을 기꺼이 던졌다는 사실이다. 이 점만을 후배 장병들이 알아줬으면 한다.

노병의 고리타분한 전투 경험담으로만 듣지 말고 내 조국의 의미를 깨달아 달라는 얘기"라며 국민의 안보의식을 간절하게 주문했다.

유호상 기자 hosang61@dema.kr

전인식의 특전교육단 특강
특전사령부 교육단에 전인식 회장 특전안보 교육하다

2010. 10. 20 전인식 회장 특전사 특전교육단 비정규전 교관단 70여명에게
6.25 당시의 결사대(백골병단) 특전 내용 100분 강의. 동행 차주찬(병장·소령)

육군특수전사령부 특수전 교육단 비정규전 11-1기 교육 기념
강사 : 육본직할 결사대 전우회 회장 전인식과 피교육 장교들!!
中 右 특전교육단장과 함께, 左 강의하는 모습

= 2015. 6. 5. 백골병단 전몰장병 합동 추모식을 =

> 참전전우 회장 전인식의 식사

전우회장의 헌화 광경

전우회장의 용대 초등학교 학생에게 장학금 수여 광경

육군본부 직할결사대(백골병단) 전우회(2015. 6. 5)
백골병단 전몰장병 추모식을 마치고

= 전쟁 기념관에서 노년의 65년 기념행사!! =

2016. 4. 14. 용산 소재 전쟁기념관에서 전인식 저 노병의 65년 기념행사가 열렸다.
참전전우 여러분과 내빈을 가득 메운 메인 스타디움 광경
전 참모총장 이진삼 예비역 대장께서 자리를 빛내주셨다.

➢ 2016년 참전 65주년 기념 추모식 전에

2016. 4. 14. 용산 전쟁기념관 뮤지엄 웨딩홀
6·25 참전 노병의 65주년 기념식에서 ⬇

= 2017년 백골병단 현충 추모식에서 =

백골병단 6.25 참전·개선 66주년
〈참전전우회 창립 56주년 기념〉
= 2017. 8. 22   장소 : 육군회관연회실 =

연회장에 류해근·정중민 장군 내외
박종선 장군, 이준용 장군

중앙 전인식 회장과 내빈 장성 여러분과 부인

참전전우일동과 케이크 절단을 앞두고
인사하는 모습

중앙 구월산유격대장 박부서 회장과 함께

개선 66주년을 기념하는 케이크 절단 모습

USB 영상이 비추고 있는 가운데 특수전학교
교관이 내빈을 향해 인사하고 있다.

2017. 6. 27 6 25 기념 전적지 답사 시
강원 평창에서 동계올림픽 주 경기장을 배경으로

= 2018. 6. 5. 백골병단 역사기념관 건립 제막 =

2018. 6. 5. 백골병단 전적비 진입 계단 옆에 세운 백골병단 역사 기념관이 전인식 회장의 사비로 건립제막되어 안보전시관의 사명을 다하고 있다.
이날의 행사 사진

> 2018. 6. 5. 백골병단 전적비 67주년 추모식에 참석한 일동

추모행사에 참석하신 내빈과 전우 일동

전적비에 참석한 후배 장병들

백골병단 전적비에 각자된
작전요도를 설명하는
전우회장 전인식
옛 작전참조의 작품이다.

2018. 6. 5. 백골병단 전몰장병의
합동추모식 후 기념 전시관에서
해설하는 전인식 회장

2018. 6. 5. 현충추모식에서
전인식 회장의 헌화

= 백골병단 현충 추모식에서 =

> 인사말을 하는 전인식 전우 회장

2018. 6. 5. 백골병단 역사 기념관 안에서 제작자 전인식 회장과 군단장 김승겸 장군

백골병단 기념 역사 전시관에서 김승겸 장군에게 설명하는 제작자 전인식 회장

백골병단 기념 역사 전시관에서 참전전우 일동이 한 장의 사진을

↑ 백골병단 기념 역사 전시관 앞에서 필자 전인식 회장

= 2018. 6. 5 현충 추모식에서 =

역사기념관 입구에서

05/06/2018

역사기념관 입구에 비치된 자료들

= 백골병단 전몰장병 합동 추모식 =

전쟁 기념관 내에서 참전 전우들

➤ 전인식 전우회 회장의 인사말씀

⬇ 기념관 입구에서 전회장 가족들과

기념관 입구에서 전회장의 따님

백골병단 창단 67주년에 참석한 전우 일동

백골병단 전몰장병 추모제에 참가한 내빈

= 백골병단 역사 전시관이 개장되다 =

전시물 중 전인식 소령의 무공훈장 진품

▶ 전시장 입구에서 군단장 김승겸 장군과 함께

전시장 안에서 전시물을 설명하는 전인식 회장   전시장 안에서 전시물을 설명하는 전인식 회장

↑ 전시관 입구에서 군단장 김승겸 장군과 이준용 장군

전시관 입구에서

= 2019. 6. 28. 인천 차이나타운 연경에서 =

➢ 백골병단 장래에 관한 회의 개최

맥아더 장군 동상 참배 모습

인천 차이나타운 회의 후 맥아더 장군 동상에 오르기 전에

2021. 6. 인천 차이나타운에서 회의를 마치고

회의 광경

= 2019. 6. 28. 연경에서 임시총회 =

맥아더 장군 동상에 헌화 하는 송세용 부회장

총회에서 발언하는 박종선 예비역 중장

총회에서 발언하는 임동욱 감사

총회에서 회원을 소개하는 이준용 장군과 김용필 회원

총회에서 차주찬 총무를 소개하는 이준용 장군

총회에서 발언하는 보좌관 원치명 전우

= 2019. 12. 18. 서교동 아만티호텔 특설룸에서 =

2019. 12. 18.
송년회에서 전인식 회장의 단결 호소

▶ 송년회 개최 사진

2019. 12. 18. 백골병단 참전 장병의 송년회 개최 모습

2019. 12. 18. 송년 정기총회 개회사

2019. 12. 18.
송년 총회에 참석한
본회 부회장 송세용씨의
모습

2020.6.4. 백골병단 "참전단체 릴레이" <리멤버>

국방일보 2020년 6월 4일 목요일 | 기획 9

6·25전쟁 70주년 기획
참전단체 릴레이 탐방 리멤버 솔저스

<9> 육군본부직할결사대(백골병단) 전우회

6·25전쟁 당시 건국대 2학년생이었던 젊은이는 70년 전의 상황을 날짜까지 또렷하게 기억하며 증언했다. 삶과 죽음이 한 끗 차이였던 전선에서 전우들을 떠나보냈던 슬픔을 떨치기에는 70년의 시간도 짧을 터였다. 살아남은 자들은 죽은 이들의 이름을 수소문해 훈장을 상신하고, 추모비·기념관을 세우며 전우들을 기억해줄 것을 후대에 당부하고 있다.

육군본부직할결사대(백골병단) 결사 11연대 1대대 소속 장병들이 1951년 4월 강릉에서 찍은 사진. 사진=백골병단전우회

육군본부직할결사대(백골병단) 전인식(가운데) 전우회장을 비롯한 전우들이 전우회 사무실에서 빛바랜 태극기와 백골병단 전적비 모형 등을 배경으로 포즈를 취하고 있다. 최한영 기자

3주 특수교육 후 투입… 희생 전우 후대에 기억되길

3주 특수교육 받고 곧바로 투입

육군본부직할결사대(백골병단)는 6·25전쟁 초기인 1951년 초부터 전선 후방에서 교란과 유격전 등을 수행했던 부대다. 정부는 1950년 12월 하순부터 이듬해 1월 3일까지 대구 육군보충대에서 대기 중이던 의용경찰과 군 낙오병, 학생 등 6000~7000여 명 중에서 학력과 사상, 신체상태 등을 고려해 800여 명을 선발한 후 대구 육군정보학교에 입교시켰다.

백골병단 전인식 전우회장은 "기초군사훈련 과정에서 '적기가(赤旗歌)' 등을 소리 높여 부르며 행군하는 와중에도 우리들이 적 후방에 침투하는 결사유격대라는 것을 몰랐다"고 회상했다. 10대 후반부터 20대 초반 사이 젊은이들은 그렇게 국가의 부름에 응했고, 맡겨진 임무에 최선을 다했다.

이들은 3주간의 특수교육을 받고 전선 후방에 투입됐다. 1951년 1월 25일, 군은 교육을 마친 백골병단 장병 중 임시장교 124명을 국방부 장관 명의로 임관시키고, 병사는 이등중사('병omm')~이등상사(중사) 사이의 계급을 각각 부여했다. 결사 11·12·13연대로 나뉘어 후방에서 작전 중이던 이들은 1951년 2월 20일 강원도 명주군 연곡면 퇴곡리(현재 강원도 강릉)에 우연히 집결했다. 이 자리에서 채명신 육군중령(이후 주베트남 한국군사령관 지냄)은 부대명을 백골병단으로 명명하고 자신이 사령관이 됐다.

기밀문서 노획·고위 지휘관 생포 등 전공

백골병단은 6·25전쟁 중 다수의 혁혁한 공로를 세웠다. 구룡령(강원도 홍천군 내면)에서 인민군 정치보위부 군관 등을 생포하고 1급 기밀문서인 전투상보를 노획해 수도사단으로 인계한 것이 대표적이다. 병력수, 탄약 보유현황 등이 적혀 있던 기밀문서 노획은 적 1개 여단을 궤멸하는 데 결정적인 역할을 했다. 다른 작전 중에는 중장 계급의 적 지휘관을 생포하기도 했다.

이 같은 활약은 많은 부대원들의 희생이 있었기에 가능했다. 백골병단 출신 노병(老兵)들은 11연대 소속 윤장규 대위를 이구동성으로 언급했다. 윤 대위는 1951년 3월 24일 백담사를 떠나 설악산 영봉 방향으로 퇴각 중 포위공격을 받자 적을 유인해서는 수류탄 안전핀을 뽑아 자결했다. 이 와중에 다른 전우들은 탈출할 수 있었지만, 상황은 쉽지 않았다. 전 회장은 400여 명의 병력을 이끌며 탈출로를 찾았지만 5일 이상 굶으며

전선 후방서 교란·유격전 등 수행
인민군 군관 생포·1급 기밀 획득 등
6·25전쟁 중 다수의 혁혁한 공 세워

전적비와 무명용사 추모비 건립…
마음의 빚 갚기 위해 60년간 활동
합동 추모식 참석 인원 이제 6~7명
노령의 회원들 시설 관리도 버거워
공로 미인정 전우들 훈장 수여 소망

행군을 이어가는 과정에서 120여 명이 아사(餓死·굶어 죽음)하기도 했다. 다른 장병들도 다수 전사해 백골병단 소속 생환 장병은 1951년 4월 중순에 283명에 그쳤다.

백골병단 전적비 등 건립하며 기록 남겨

이는 살아남은 사람들에게 마음의 빚으로 남았다. 전 회장을 비롯한 전우들이 1961년 전우회를 만들고 이후 60년간 활동을 이어온 이유다.

백골병단전우회 전우들은 1990년 11월 강원도 인제에 백골병단 전적비를 건립한 것을 시작으로 2003년 6월 5일 전몰장병 중 무명용사 303명을 기리기 위한 무명용사 추모비, 2006년 6월 5일 윤장규 대위의 살신성인을 기리기 위한 충용비 등을 만들었다. 전 회장은 지금까지 38권의 백골병단 관련 저서를 발간했다. 매년 6월에는 백골병단 전몰장병 합동 추모식을 거행하며 희생을 기리고 있다. 올해 추모식은 오는 18일에 열린다.

세월의 흐름은 거스를 수 없는 만큼, 이제 합동 추모식에 참석하는 백골병단 전우는 6~7명에 불과하다. 그럼에도 불구하고 이들이 계속해서 기록을 남기고, 추모식을 이어가는 이유는 명확하다. 조국의 자유와 평화를 위해 나섰던 자신들의 정신은 지금 시대에도 필요한 것이라는 이유에서다.

전 회장은 "요즘 젊은이들은 나라보다 자신의 안녕을 생각하는 경우가 많아 보인다"며 "'자신의 안녕을 생각한다면 나라를 지켜야 한다'는 마음이 젊은이들에게도 이어지기를 바라는 마음 간절하다"고 전했다. 그러면서 "흘러가는 세월은 잡을 수 없고 우리들은 늙고 병들어 백골병단이 건립한 현충시설을 관리할 능력이 없다"며 "관련 기관·단체가 이 시설들을 잘 관리·보존해 안보시설이자 충용시설로 활용할 수 있기를 간절히 소망한다"고 덧붙였다. 전쟁 당시 전우들의 활약상을 후대에 전하기 위해 노력해왔던 노병들의 '자신들의 정신이 전해지기를 바란다'는 소박한 희망이 이뤄질지 지켜볼 일이다.

그 연장선상에서 지난해 9월, 아직까지 공로를 인정받지 못한 전우들을 위해 마지막으로 신청한 훈장들이 수여됐으면 한다는 희망도 드러냈다. 전 회장은 "1951년 2월 7일 침투작전 직전 정일권 당시 육해공군 총참모장이 훈시하며 '참전자 전원에게 두 계급 특진과 빛나는 훈장이 기다린다'고 약속했던 것을 기다리는 것도 한계에 이르고 있다"며 "물론 훈장을 받기 위해 싸운 것은 아니지만, 구국의 일념으로 위국헌신한 전우들을 기억해달라"고 강조했다.

최한영 기자

전인식(맨 왼쪽) 전우회장이 지난해 6월 4일 열린 '6·25전쟁 참전 68주년 및 전몰장병 합동 추모식' 후 자료사진을 보며 군 관계자들에게 당시 상황을 설명하고 있다.

전인식 전우회장이 지난해 6월 4일 강원도 인제군 백골병단 전적비 앞 광장에서 열린 '6·25전쟁 참전 68주년 및 전몰장병 합동 추모식'에서 인사말을 하고 있다.
조용학 기자

인민군복의 유격대 이끌고 적진 침투… 공산당 간부 길원팔 생포

조선일보

<대남유격사령관>

미 육군참모총장 콜린스 대장(오른쪽에서 두번째 앉은 사람)이 훈련 중인 7사단 5연대 장병들과 대화하고 있다. 맨 왼쪽이 밴플리트 장군이며 두 사람 건너가 채명신 대령이다. 지난주 사진 설명 가운데 채명신 소장(20사단장)은 대령(20사단 60연대장)의 잘못이다.

박정희 대령, 낡고 피묻은 내 점퍼와 자기 고급 점퍼 바꾸자고 해

1951.2.26. 홍천군 내면 구룡령을 차단한 백골병단의 모습(재연이다)

1951.3.3. 홍천군 광원리 방면의 수색정찰 모습(재연)

1951.3.18. 인제군 인제면 가리산리 필례마을에서 북괴 대남 유격 사령관 길원팔을 생포 한 후 기밀문서를 확인하는 채명신 연대장과 참모들

1990.7.17. 백골병단 개선장병 일동과 유가족들이 국립현충원을 참배하고 있다.

2020.6.18. 백골병단 참전 69주년 전몰장병 합동추모식 거행
육군3군단장 대리 12사단장 정덕성 소장 집전!!

2020년 6월 19일 금요일 국방일보

육군본부직할결사대 전우회 전인식(앞줄 오른쪽) 회장이 18일 강원도 인제군 백골병단 전적비 앞 광장에서 열린 '6·25 참전 69주년 및 전몰장병 합동 추모식' 직후 육군12사단장(앞줄 가운데), 전우회원들과 함께 전적비 하단에 기록된 69년 전 당시 전투상황 일지를 둘러보며 전황을 설명하고 있다.

"자유와 평화 지킨 결사대원 기개 본받을 것"

백골병단 전우회-육군3군단, 6·25 참전 전몰장병 합동 추모식

육군본부직할결사대(일명 백골병단) 전우회는 18일 강원도 인제군 북면 용대리 백골병단 전적비 앞 광장에서 '6·25 참전 69주년 및 전몰장병 합동 추모식'을 개최했다.

육군3군단이 주관하고 백골병단 전우회가 주최한 이날 추모식에는 전인식 전우회장과 전우회원, 육군12사단장, 인제군수·군 의회 의장, 강원서부보훈지청장 등이 참석했다. 참석자들은 '코로나19 생활방역 지침'을 철저하게 지키는 가운데 6·25전쟁 당시 호국의 군신으로 산화한 백골병단 소속 전몰장병 360여 위의 위훈을 기렸다.

전 회장은 인사말에서 "나라의 명운이 백척간두에 섰을 때 백골병단은 구국의 대열에 나섰다"며 "우리 모두 조국의 자유와 평화를 위한 첨병이 되어 위국헌신의 정신을 가다듬고, 결사대원의 기개를 살려 앞으로 정진해 나가자"고 당부했다.

전 회장은 또 17일 오후 벌어진 북한의 개성 남북공동연락사무소 전격 폭파 만행과 관련, "지난 2년간 '남북화해의 상징'도 순식간에 무너뜨리는 게 북한이요, 이것이 곧 70여 년간 전혀 변하지 않은 그들의 민낯"이라며 "북한이 군사적 도발 행위를 감행한다면 우리 군은 즉각 강력하게 대응할 것으로 굳게 믿는다"고 말했다.

12사단장도 추모사에서 "6·25전쟁 당시 한국군 최초의 유격부대인 '백골병단'은 대한민국의 자랑이고 위대한 역사"라며 "자랑스러운 호국영웅이 지켜낸 대한민국을 후배가 굳건하게 지켜나갈 것"이라고 다짐했다.

행사에서는 또 '9회 충용 특공상 시상식'과 '14회 용대백골 장학금 수여식'도 열려 전 회장이 5명의 용대초등학교 학생에게 각 20만 원씩 총 100만 원을 전달하고 격려했다.

전우회는 이에 앞서 지난 3월 16일 코로나19 방역작전 임무수행에 전력을 다하는 육군2작전사령부(이하 2작전사) 장병들을 위해 써달라며 성금을 전달, 6·25참전전우회의 귀감이 되고 있다.

성금은 3월 24일 예정된 6·25전쟁 당시 전사한 고(故) 윤창규 대위 추모식에 사용할 계획이었으나 코로나19 확산 방지를 위해 추모식을 생략하고 2작전사에 전달한 것이다.

백골병단은 6·25전쟁 초기인 1951년 초부터 전선 후방에서 교란작전과 유격전 등을 수행했던 부대다.

인제에서 글·사진=유호상 기자
■편집=신재명 기자

※ 결사 제11연대 참전자

2021. 7. 15 확인

계급	군번	성명	비	고	계급	군번	성명	비	고
육군중령	10826	蔡命新	사망	황해(사령관)	임시소위	GO1051	金義德	불명	
임시소령	GO1001	李相燮	사망	남해	육군소위	GO1053	尹 泓	**전사**	
육군대위	51-00008	**全仁植**	파주	**육군소령(충무훈장)**	임시소위	GO1054	李永夏	사망	인천. 대공 부상
육군대위	GO1005	崔允植	사망	경주	임시소위	GO1058	金仲植	불명	
육군대위	GO1006	金元培	**전사**	해임 (1951. 2. 20)	육군소위	GO1059	金赫起	연기	
육군대위	GO1007	尹昌圭	**전사**	예산 **(충무훈장)**	임시소위	GO1061	車東胱	사망	
육군대위	GO1004	梁在昊	사망	인천	육군대위	보좌관현임	玄奎正	**전사**	대대장**(충무훈장)** (1951. 2. 20~3. 25)
육군대위	GO1008	李暢植	사망	청양	보좌관	대위급	**康斗星**	평남	(중국)
육군대위	GO1002	李泰潤	인천	해임 (1951. 2. 20)	보좌관	〃	**元應學**	평남	용인
육군중위	GO1010	鄭世均	**전사**	서대문	보좌관	〃	**李德溢**	함북	청진(미국)
육군중위	GO1011	鄭學文	사망	김천	보좌관	〃	申孝均	사망	평남
임시중위	GO1013	李奉九	사망	가평	보좌관	〃	張麟弘	사망	평양
육군중위	51-00015	權寧哲	사망	진급 **(화랑훈장)**	보좌관	〃	鄭南一	사망	평남
육군중위	GO1018	金榮敦	사망	화성	보좌관	〃	**元致明**	강원	성남
임시중위	GO1019	鄭潤和	사망	대구	보좌관	〃	白榮濟	사망	평남
육군중위	GO1020	李萬雨	사망	의성	명예회원	〃	**李南杓**	함남	성남
육군중위	GO1021	金寅泰	사망	인천 **(화랑훈장)**	현지임관	이등상사	金興福	사망	현임(소위)
임시중위	GO1022	尹喆燮	사망	예산. 진급대위 (1951. 2. 20)	현지임관	이등상사	李命宇	사망	〃
육군중위	GO1026	羅明集	사망	**(화랑훈장)**	일등중사	51-500047	**林東郁**	논산	논산
육군소위	GO1031	崔龍達	사망		이등상사	51-500024	**洪金杓**	인천	**예 군의관 중위**
육군소위	GO1032	崔仁泰	사망	파주 **(화랑훈장)**	이등상사	51-500011	朴勝錄	사망	대전
임시소위	GO1033	李南鶴	사망	홍성. 특진중위 (1951. 2. 20)	이등중사	134174	車周燦	사망	**예 육군소령**
육군소위	GO1034	李鍾三	**전사**		이등상사	51-500014	**張之永**	연백	용인 **(화랑훈장)**
임시소위	GO1035	朴正奉	불명	인천	일등중사	51-500069	崔潤宇	사망	서울 **(화랑훈장)**
임시소위	GO1036	張龍文	사망	시흥	이등상사	51-500008	金重信	예산	고양
육군소위	GO1038	全珒圭	불명		일등중사	51-500055	**金元泰**	서천	보령
육군소위	GO1039	許銀九	**전사**	경주	일등중사	51-500054	**尹慶俊**	대전	대전
육군소위	GO1040	趙時衡	사망		일등중사	G11120	李榮珍	사망	부여 **(화랑훈장)**
육군소위	GO1041	柳卓永	사망		일등중사	51-500036	全永熹	사망	부산
육군소위	51-00023	吳錫賢	김포	김포	이등상사	G11059	河泰熙	사망	대전
임시소위	GO1044	朴鍾瑝	사망	연기	이등중사	G11363	梁元錫	사망	평택
육군소위	GO1045	李夏淵	**전사**	대전현충원	이등중사	51-77000028	崔熙哲	사망	안산
육군소위	51-00025	權泰鍾	사망	인천 **(화랑훈장)**	일등중사	미 상	金成亨	개성	수원
육군소위	51-00028	黃泰圭	공주	공주	일등중사	통신병	玄再善	사망	인천
육군소위	GO1049	韓甲洙	사망	청양	일등중사	G11096	扈成振	사망	
육군소위	GO1050	林癸洙	사망	연기	이등상사	G11050	申健澈	사망	시흥 **(화랑훈장)**
					이등상사	G11300	丁奎玉	사망	종로구
					일등중사	G11034	李雲河	사망	파주

계급	군번	성명	비고		계급	군번	성명	비고	
일등중사	G11197	張承鉉	사망	서산	일등중사	미 상	徐一澤	**전사**	시흥
이등중사	G11047	元吉常	사망	시흥군	일등중사	미 상	장국환	**전사**	
이등중사	G11295	權處弘	사망	연기군	일등중사	〃	안희일	**전사**	
이등상사	G11303	鄭然鎭	사망	대구	이등중사	〃	류동식	**전사**	
일등중사	G11198	李明海	사망	서산 **(화랑훈장)**	이등중사	〃	박희영	**전사**	
이등중사	G11259	林南玉	사망	논산	이등중사	G11206	金潤秀	**전사**	
이등중사	G11143	全永模	사망	대전	이등중사	G11215	姜文錫	**전사**	서산
이등상사	G11023	尹範容	사망	파주	병 장	G11316	李完相	**전사**	부여 대전현충원
일등중사	G11064	曺奎喆	파주	〃	이등중사	미 상	이영업	**전사**	
이등상사	G11129	吳鳳鐸	사망	시흥 **(화랑훈장)**	〃	〃	서두생	**전사**	
이등중사	G11225	徐玄澤	사망	〃	이등중사	〃	이재성	**전사**	(12연대?)
이등중사	G11039	李興昌	사망	천안	이등중사	〃	황경덕	**전사**	
일등중사	G11308	文泰眞	사망	서천	이등중사	〃	김양환	**전사**	
이등상사	G11013	姜五馨	사망	파주	이등중사	〃	이정구	**전사**	
이등상사	G11054	金正鍾	사망	시흥	이등중사	〃	김윤태	**전사**	
이등상사	G11137	趙次元	사망	파주	이등중사	〃	이석순	**전사**	
이등상사	G11140	朴光善	사망	〃 조리	이등중사	〃	박기석	**전사**	
이등중사	G11175	趙南顯	불명	서산	이등중사	〃	천봉균	**전사**	
이등중사	G11362	金海源	불명	청양	이등중사	〃	안병철	**전사**	
이등중사	G11171	李亨求	사망	서산	이등중사	〃	김철구	**전사**	
이등중사	G11168	金大弘	사망	인천	이등중사	〃	김명규	**전사**	
이등중사	미 상	權寧憲	사망	부여	이등중사	〃	현 제	**전사**	
미 상	미 상	盧貴鉉	사망	〃	이등중사	〃	임경섭	**전사**	
이등중사	G11095	鄭昌鎬	대전	대전	이등중사	〃	이상욱	**전사**	
이등상사	G11311	張德淳	사망	시흥	이등중사	〃	윤동익	**전사**	
이등중사	G11042	金壽昌	사망		이등중사	G11355	朴鍾壽	**전사**	
이등중사	G11240	吳東秀	사망	대전	이등중사	미 상	黃忠淵	**전사**	
이등중사	G11356	金鍾根	사망	천안	이등중사	〃	구기덕	**전사**	
이등중사	G11156	李昌興	사망	인천	이등중사	〃	안성호	**전사**	
이등중사	G11278	高永相	사망	대전	이등중사	〃	金賢起	전사?	연기
이등중사	G11097	金大燮	파주		일등중사	〃	咸萬東	불명	서울
이등중사	미 상	鄭萬永	사망	예산	이등중사	G11369	柳英秀	불명	〃
이등상사	G11046	柳東鉉	**전사**	시흥	이등중사	G11345	宋景熙	사망	논산
일등중사	G11312	張東淳	**전사**	시흥	미 상	미 상	馬鍾三	불명	파주
이등중사	G11087	權旭相	**전사**	안양	이등중사	〃	李台熙	불명	
이등중사	G11141	金周鉉	**전사**	파주	〃	G11125	千鳳吉	시흥	**정보사 제공**
이등중사	미 상	趙重用	**전사**	시흥		G11131	元廣吉	불명	〃
이등중사	〃	洪淳基	**전사**	연기	〃	G11135	朴鳳植	서천	〃
이등중사	G11049	李春九	**전사**		〃	G11136	申孝淳	불명	
이등중사	G11051	鄭閏哲	**전사**	시흥	〃	G11350	金東一	평양	3대2중2소
일등중사	G11313	申鉉石	**전사**	〃	〃	G11052	李炳雲	파주	계급미상 전사?
일등중사	G11364	洪淳先	**전사**	서울종로					**157명**

※ 결사 제12연대 참전자

2021. 7. 15 확인

계급	군번	성명	비고		계급	군번	성명	비고
임시소령	GO1063	李斗柄	사망 화천		일등중사	G12159	李南薰	사망
육군대위	51-00007	張喆翼	전북 미국		이등중사	G12264	安昌浩	사망
육군대위	GO1069	權王堅	**전사**		이등상사	G12303	元鳳載	불명 평택
육군중위	GO1080	辛政敎	사망		이등중사	G12224	朴光錫	사망 시흥
육군중위	GO1083	姜昌熙	**전사**		일등중사	G12389	金仁壽	사망
임시소위	GO1089	鮮于坦	불명		이등중사	미 상	沈仁求	사망
임시소위	GO1107	車福吉	불명		미 상	미 상	權斗植	사망 안양
육군소위	GO1109	趙炳偰	사망		미 상	미 상	沈龜福	사망
육군소위	51-00019	**金容弼**	파주 (화랑훈장)		미 상	미 상	李圭宰	사망
임시소위	GO1111	黃戊淵	사망		미 상	미 상	金玉石	사망 서천
육군소위	GO1114	黃炳錫	**전사**		이등중사	G12135	申永基	사망 신당동
임시소위	GO1115	黃寬顯	불명		미 상	미 상	徐丙煥	불명 평택
임시소위	GO1116	崔順龍	불명		미 상	미 상	金永高	불명 평택
임시소위	GO1117	金益煥	사망 예산		미 상	미 상	申樂均	불명
임시소위	GO1123	安昌淳	불명		미 상	미 상	張哲浩	캐나다 완주
육군소위	GO1124	신의순	불명 서천		이등중사	G12339	金永培	사망
이등상사	51-500020	**宋世鏞**	연기 인천 (화랑훈장)		이등상사	G12087	金道中	사망 파주
이등상사	G12327	金鍾浩	사망 춘천		이등상사	G12004	李丙錫	사망
일등중사	51-500031	林炳基	파주		이등상사	G12370	朴鍾萬	**전사**
이등상사	51-500023	李永九	용인 용인		일등중사	G12119	崔相三	불명 **정보사 제공**
이등상사	51-500039	朴用周	사망 의왕		이등상사	G12172	趙榮澤	사망 〃
일등중사	G12114	李翊宰	사망 평택 (화랑훈장)		이등상사	G12253	崔斗星	사망 〃
일등중사	51-500053	安秉熙	평택 진위 (화랑훈장)		일등중사	G12303	李熙用	평택 〃
일등중사	51-500056	金宋奎	완주 인천		이등상사	G12355	朴柱大	불명 양주군
이등상사	G12335	吳正涉	사망 횡성		〃	G12362	李德根	사망 미국
일등중사	미 상	金鍾恪	사망 파주		〃	G12023	文源榮	사망 **정보사**
이등중사	미 상	이재성	**전사** 경기 시흥					

53명

※ 결사 제13연대 참전자

2021. 7. 15 확인

계급	군번	성명	비고		계급	군번	성명	비고
육군대위	GO1066	金漢喆	불명 **정보사**		이등상사	G13050	李長福	사망 정선
육군대위	GO1067	金貞起	**전사** 연기		이등중사	미 상	千榮植	**전사**
육군중위	GO1075	崔二澤	사망 이천		이등중사	G13182	康昌煥	**전사**
임시중위	GO1077	崔基赫	불명		미 상	미 상	김병칠	불명 안성
육군중위	GO1078	金瑢九	**전사** 제6대대장		미 상	미 상	李貞成	불명 강화
육군중위	51-00010	高悌和	예산 고양		미 상	미 상	田載植	불명
육군소위	GO1096	朴萬淳	**전사**		미 상	미 상	李英烈	사망
일등중사	G13097	林炳華	사망 서울		이등중사	G13117	**徐仁星**	평양 추가 (화랑훈장)
이등중사	G13051	裵善浩	사망 정선 (화랑훈장)		이등상사	G13046	崔鍾敏	사망 원주
이등중사	미 상	고석휘	**전사** 대원. 정선		일등중사	G13060	金榮豹	불명 1대3소대장
이등중사	미 상	김주섭	**전사** 〃 〃		일등중사	G13178	辛鎭鎬	사망 6대1소대장
이등중사	미 상	나승교	**전사** 〃 〃		이등중사	G13208	朴鍾云	홍천 대원
이등중사	미 상	이운철	**전사** 〃 〃		이등중사	G13193	徐承礎	사망 〃
이등중사	미 상	安淳哲	불명 〃					

27명

2006.6.9. 국방부 정보사령부에서 보내 온 결사 11연대 參戰將兵

28+63=91명

군번	성명	출신	군번	성명	출신	군번	성명	출신
G11118	韓哲禹	공주	G11353	車炯泰	서대문	G11040	邊壽燁	서대문
G11279	韓鎭錫	수원	G11347	金錫鉉	인천	G11038	黃圭憲	천안
G11293	李輻來	수원	G11349	黃永水	창원	G11368	柳光烈	천안
G11134	韓榮植	서천		鄭烈模	미상	G11041	朴賢洙	천안
G11145	金相虎	미상	G11367	高賢奎	천안	G11370	金在黙	부천
G11139	崔景男	파주	G11357	金澤堯	천안	G11043	李一衡	부천
G11144	金三哲	공주	G11360	金昌玉	천안	G11045	金炯甲	부여
G11142	高 植	충남	G11358	韓永官	천안	G11053	柳昌烈	천안
	朴東旭	미상	G11361	金承河	영등포	G11170	李昌夏	고양
G11346	盧秉植	보은	G11107	金魯鉉	안동	G11188	金福容	고양

－30－

2006.6.9. 국방부 정보사령부에서 보내 온 결사 12연대 參戰將兵

53+118=171명

계급	성명	출신	계급	성명	출신	계급	성명	출신
二中	崔銀喆	보령	二中	丁壽鈺	영월	二中	李官雨	부천
二上	金仁孫	보령	一中	李珠容	옥구	二中	金文淳	인천
二中	林魯善	연기	一中	朴寧鎭	서산	二中	李洪泰	의성
一中	朴東圭	청양	一中	李公雨	서산	二中	姜鍾好	경주
一中	禹錫洙	달성	二中	金東泰	서산	二中	金任祥	경주
二上	蔡武願	대구	二中	李龍洙	군산	二中	崔永達	경주
二上	金錫泰	경산	二中	金綵圭	완주	二中	金仁吉	부천
二中	申榮基	서산	二中	李永昌	완주	二中	梁成模	김포
二中	朴鍾雲	대덕	二中	奇中舒	평택	二中	朴泰成	김포
二上	張石權	대전	二中	尹聖洪	영덕	二中	權寧澤	김포
二中	宋寅億	대전	二中	申在均	연기	二中	林龍圭	김포
二中	康斗八	대전	二中	金長培	용인	二中	裴晃植	김포
二上	權五哲	예산	一中	李漢京	완주	二中	崔鍾煥	보령
二中	金精一	영덕	二中	崔基壽	완주	二中	洪祥浩	보령
二中	姜允信	인천	二中	杜炳鎬	완주	二中	崔基讚	보령
二中	宋永植	인천	一中	申泰玉	강원	二中	李義珪	보령
二上	李錫贊	인천	二上	尹用換	충남	二中	奇成鎬	보령
二中	鄭鳳憲	인천	二中	金東高	충남	二中	金龍保	보령
二中	盧基憲	대덕	二中	金學培	용인	二中	金相補	파주
二中	吳永弼	칠곡	二中	許璟九	홍천	二中	李建旭	파주
二上	金斗寬	경주	二中	金福亨	원주	一中	金永鎭	파주
二中	金斗出	경주	二中	咸基元	횡성	二中	朴順一	파주
二中	辛正鉉	경주	一中	鄭河徹	횡성	二中	李鍾冕	수원
二中	尹采杰	경주	二中	安鎬承	양주	二中	李壯煥	양주
二中	金大鳳	경주	二中	崔慶植	양주	二中	朴甲魯	공주
二中	鄭明根	인천	二中	金載榮	양주	一中	鄭喜舜	연백
二中	金有洙	인천	二中	徐炳基	전주	二中	朴悌淳	예산
二中	元容玉	양주	一中	李康萬	완주	一中	權泰彬	용산
二中	張德俊	홍천	二中	崔春鏞	개풍	二中	洪仁範	보령
二中	金根中	양주	二上	羅炁在	군산	一中	元容根	홍천
一中	李徹伊	미상	二中	金基成	군산	二中	張志洪	평택
二中	權淳天	미상	二中	鄭完哲	군산	二中	金永淳	서천
二中	黃厚根	미상	一中	金丙坤	완주	二中	南鍾培	경북
一中	金基山	미상	二中	金鳳山	양주		金認來	장단
二中	李炳圭	미상	二中	元命植	의정부		金寧熙	경산
二中	咸鳳鎬	미상	二中	李錫濬	전주		蔡用錫	마포
二中	金榮和	미상	二中	朴聖安	전주		金基宇	공주
二中	許完燮	미상	二中	黃基昌	종로		閔丙佑	
二中	金基敦	미상	二中	廉喆鎬	연백			－118－
二中	朴學珪	미상	二中	吳榮根	연백			

2006.6.9. 국방부 정보사령부에서 보내 온 결사 13연대 參戰將兵

28+63=91명

계급	군번	성명	계급	군번	성명	계급	성명	출신
임시 大尉	GO1076	金正根	二中	G13163	玄赫基	二中	G13220	元益圭
임시 少尉	GO1095	朴紅男	二中	G13167	李賢周	二上	G13226	姜德順
二上	G13044	韓載謙	二中	G13159	金海元	一中	G13225	金尙麟
一中	G13042	金炳鎬	二中	G13169	鄭鳳錫	一中	G13219	徐權植
一中	G13036	張敬珊	二中	G13173	姜大雄	一中	G13250	李鍾大
一中	G13043	金相麟	二中	G13171	徐豊鎭	二中	G13232	明永杰
二中	G13053	洪成德	임시 少尉	GO1092	金聖奎	二中	G13224	朴在浩
二中	G13047	鄭相燮	二上	G13177	金相敦	二中	G13247	金壽元
二中	G13054	李陽夏	一中	G13181	鄭光植	二中	G13248	吳春錫
二中	G13055	鄭鎭奎	一中	G13185	柳聖烈	二中	G13277	李達根
二中	G13057	裵鳳基	二中	G13179	金基海	二中	G13174	許正錫
二上	G13022	金輪山	二中	G13184	柳泰馨	二上	G13238	崔承燦
一中	G13027	金雲起	二中	G13180	姜雲善	一中	G13243	李漢昌
一中	G13034	鄭仁澈	二中	G13221	崔珠泰	一中	G13235	金溶福
二中	G13035	崔相駿	二中	G13202	李相溶	一中	G13237	洪性斗
二中	G13032	金鳳烈	二上	G13183	金益顯	二中	G13240	成相鏞
二中	G13033	金榮一	一中	G13201	趙源昌	二中	G13251	李枝衡
二中	G13343	朴稚鍾	一中	G13303	都漢八	二中	G13245	孫弘基
二上	G13192	李祚岳	一中	G13297	李祐榮	二中	G13247	河鎭玉
一中	G13165	韓泰元	二中	G13222	丁英鎭	二中	G13246	文英鎭
一中	G13166	李建義	二中	G13217	趙泰熙			-63-

白骨兵團作戰要圖

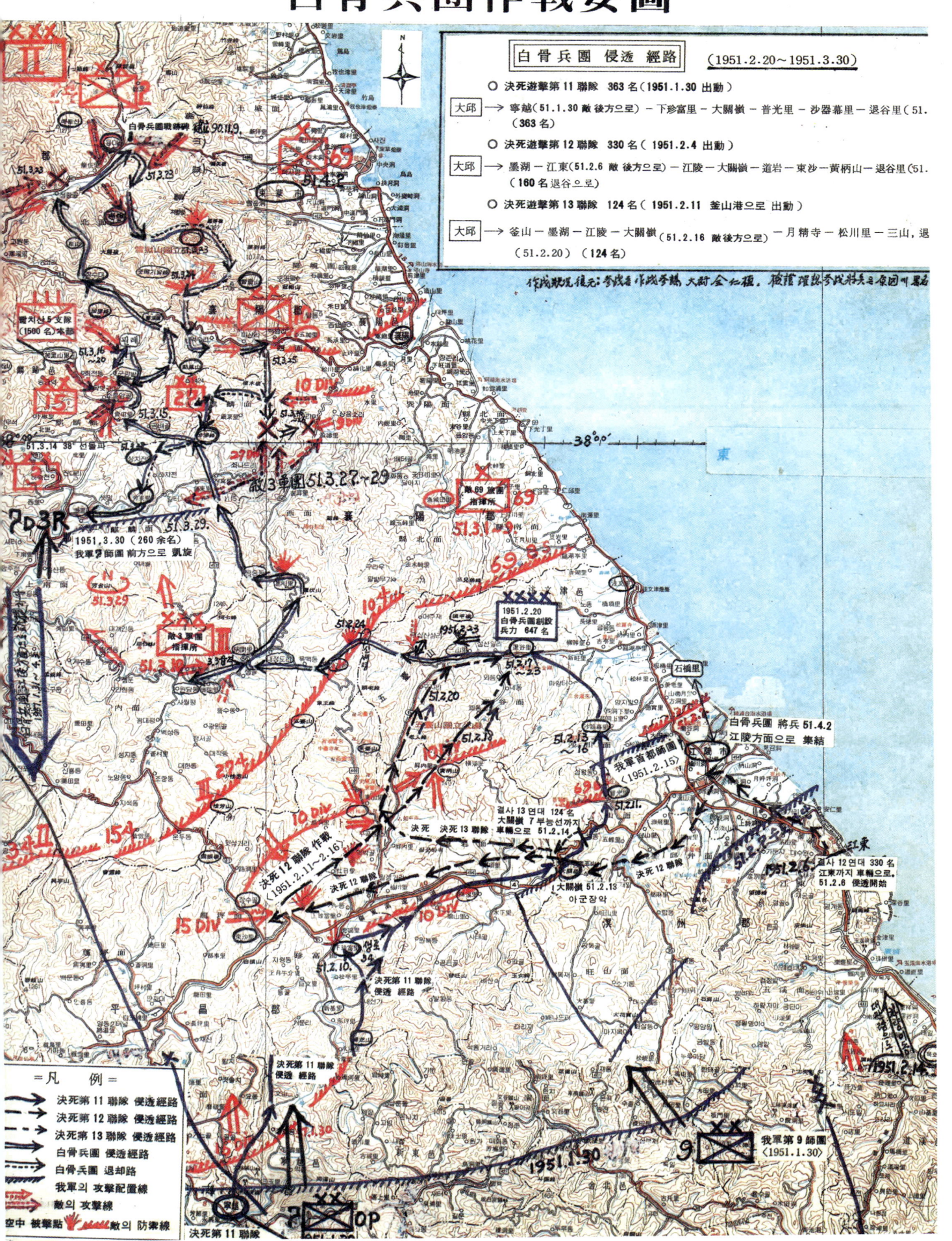

▌전우회 각종 부담금 및 찬조금 누계

(1961. 8. ~ 2021. 7. 15) (단위 : 만원)

성 명	회비 부담 기타 소속			성 명	회비 부담 기타 소속			성 명	회비 부담 기타 소속		
全 仁 植		3억3,806	⑪	金 鍾 浩	㉢	469	⑫	徐 玄 澤	㉢	150	⑪
權 寧 哲	㉢	4,483	⑪	李 長 福	㉢	412	⑬	李 興 昌	㉢	123	⑪
金 容 弼	건	3,754	⑫	**高 悌 和**	건	397	⑬	姜 五 馨	?	120	⑪
洪 金 杓	건	2,767	⑪	黃 泰 圭	㉢	383	⑪	金 鍾 根	㉢	113	⑪
林 東 郁	건	2,560	⑪	**吳 錫 賢**		353	⑪	吳 東 洙	㉢	100	⑪
宋 世 鏞		2,558	⑫	趙 詩 衡	㉢	315	⑪	梁 在 昊	㉢	48	⑪
安 秉 熙	건	2,335	⑫	玄 再 善	㉢	290	⑪	申 樂 均	?	25	⑫
張 之 永		1,894	⑪	扈 成 振	㉢	195	⑪	李 昌 興	㉢	15	⑪
崔 潤 宇	㉢	1,680	⑪	金 成 亨	건	170	⑪	金 赫 起	?	15	⑪
車 周 燦	㉢	1,659	⑪	梁 元 錫	㉢	165	⑪	金 大 燮	?	15	⑪
權 泰 鍾	㉢	1,510	⑪	吳 正 涉	㉢	145	⑫	朴 柱 大	?	15	⑫
金 寅 泰	㉢	1,330	⑪	文 泰 貞	㉢	135	⑪	車 東 元	㉢	10	⑪
李 永 九	㉢	1,050	⑫	張 喆 翼	(미국)	120	⑫	鄭 萬 永	㉢	10	⑪
李 翊 宰	㉢	1,017	⑫	申 健 澈	㉢	556	⑪	申 孝 均 [특]	㉢	532	[보]
朴 勝 錄	㉢	921	⑪	張 德 淳	㉢	508	⑪	**李 南 杓** [특]	(커크)	338	
林 炳 華	㉢	893	⑬	趙 炳 偰	㉢	505	⑫	**元 應 學** [특]	건	271	[보]
裵 善 浩	㉢	764	⑬	李 南 薰	㉢	485	⑫	**康 斗 星** [특]	(중국)	233	[보]
崔 熙 哲	㉢	681	⑪	崔 鍾 敏	㉢	473	⑬	**李 德 鎰** [특]	(미국)	22	[보]
李 榮 珍	㉢	670	⑪	尹 範 容	㉢	425	⑪	張 麟 弘 [특]	㉢	6	[보]
林 炳 基	㉢	667	⑫	柳 卓 永	㉢	396	⑪	**元 致 明** [특]	성남	–	[보]
尹 慶 俊	건	638	⑪	張 承 鉉	㉢	360	⑪	白 英 濟 [특]	㉢	–	[보]
金 宋 奎	㉢	623	⑫	朴 鍾 云	?	338	⑬	鄭 南 一 [특]	㉢	–	[보]
全 永 壽	㉢	617	⑪	金 壽 昌	㉢	257	⑪	柳 海 權 장군	㉢	1,352	[군]
朴 用 周	㉢	606	⑫	徐 聖 礎	㉢	230	⑬	蔡 命 新 장군	㉢	1,050	[군]
金 重 信	건	575	⑪	羅 明 集	㉢	222	⑪	**朴 鍾 善** 장군		410	[군]
金 亢 泰		540	⑪	曺 奎 喆	?	160	⑪	金周伯 예대령		20	[군]
徐 仁 星		523	⑬	吳 鳳 鐸	㉢	151	⑪	鄭 海 相 회장	㉢	20	–
河 泰 熙	㉢	486	⑪	金 道 中	㉢	150	⑫	黃仁模 장군	㉢	18	[군]

(단위 : 만원)

성 명	회비 부담 기타		소속	성 명	회비 부담 기타		소속	성 명	회비 부담 기타		소속
車在翊 장군	[亡]	15	[군]	李暢植	[亡]	10	⑪	유병철 (15R)	?	20	⑮
白幸基 예대령	?	13	[군]	趙榮澤	[亡]	73	⑫	崔東洙 (16R)	?	10	⑯
全岱石 예중령	?	10	[군]	權斗植	[亡]	16	⑫	**張東說** [유]	子	548	⑪
梁啓卓 예대령	?	8	[군]	申永基	[亡]	16	⑫	**丁東鎭** [유]	子	503	⑪
崔仁泰	[亡]	344	⑪	李熙用	?	13	⑫	權一相 [유]	[亡]	325	⑪
崔允植	[亡]	321	⑪	金永卨	?	7	⑫	**金漢璘** [유]	子	209	⑪
許在九	[亡]	232	⑪	金海源	[亡]	3	⑪	張日南 [유]	妻	170	⑪
李明海	[亡]	181	⑪	金永培	[亡]	2	⑫	조중숙 [유]	[亡]	159	⑪
元吉常	[亡]	151	⑪	金漢喆	?	1	⑬	朴貞烈 [유]	[亡]	164	⑪
李丙錫	[亡]	105	⑫	李命宇	[亡]	1	⑪	李貞子 [유]	?	144	⑫
林南玉	[亡]	33	⑪	宋景熙	[亡]	107	⑪	**金洪泰** [유]	子	120	⑫
盧貴鉉	[亡]	25	⑪	鄭昌鎬	(대전)	–	⑪	朴昌永 [유]	子	128	⑪
高永相	[亡]	24	⑪	趙明植	[亡]	–	⑪	정윤성 [유]	[亡]	40	⑪
李雲河	[亡]	22	⑪	서원경 (외부)		56	–	류주현 [유]	?	30	⑪
申鎭浩	[亡]	20	⑬	全熹哲 〃	(전인식 子)	45	⑪	鄭大均 [유]	[亡]	29	⑪
金益煥	[亡]	20	⑫	安光燮 〃	(안병희 子)	40	⑫	文亨植 (문원영)		20	⑫
韓甲洙	[亡]	16	⑪	李晩相 〃	(전인식 친구)	$200	⑪	朴明緖 [유]	子	18	⑬
朴鍾瑝	[亡]	15	⑪	최성준 〃	(최윤우 子)	10	⑪	천숙영 [유]	妹	10	⑬
李斗柄	[亡]	11	⑫	오정흠 (특별)	[亡]	2	–	**계 140명** (비대상 24포함)			

범례 : [유] 유가족, [亡] 전우회 활동 중 사망, [건] 건강이상자

성 명	기 타		성 명	기 타		성 명	기 타		성 명	기 타	
權處弘	[亡]	⑪	元廣吉	[亡]	⑪	趙次元	[亡]	⑫	元鳳載	[亡]	⑫
金大弘	[亡]	⑪	朴鳳植	[亡]	⑪	李貞成	?	⑬	朴光錫	[亡]	⑫
李萬雨	[亡]	⑪	申孝淳	[亡]	⑪	尹喆燮	[亡]	⑪	김용복	[亡]	⑬
李泰潤	?	⑪	金東一	[亡]	⑪	林炳勳	[亡]	⑪	田載植	?	⑬
林癸洙	[亡]	⑪	李炳雲	[亡]	⑪	李奉九	[亡]	⑪	김병칠	[亡]	⑬
金正鍾	[亡]	⑪	金仁壽	[亡]	⑫	金榮敦	[亡]	⑪	이영열	[亡]	⑬
崔龍達	[亡]	⑪	申義淳	?	⑫	李南鶴	[亡]	⑪	崔二澤	[亡]	⑬
馬鍾三	?	⑪	徐丙煥	?	⑫	金興福	[亡]	⑪	咸萬東	?	⑪
李台熙	?	⑪	沈龜福	[亡]	⑫	趙南顯	?	⑪	崔相三	[亡]	⑫
千鳳吉	[亡]	⑪	沈仁求	[亡]	⑫	李亨求	[亡]	⑪		**계 39명**	

총원 179명

= 저자 약력 =

- 1950. 7. 15 적 치하 탄현 반공결사대원으로 무장 활동(칼빈총)
- 1951. 1. 25 육군정보학교에서 육군 임시 보병 대위 임관
- 1951. 4. 28 육군 소령 진급, 미8군 기동부대 커크랜드 작전처장
- 1951. 6. 6   원산 남방 통천군 내 두백리 상육작전 성공 지휘
- 1951. 6. 28 미8군 커크랜드 기지에서 제대 귀향
- 1961. 8. 23 유격군 참전 전우회 발기 이후 현재까지 전우회 회장 활동
- 1962. 3. 29 고등전형시험 합격, 감찰위 조사관·감사원 감사관
- 1969. 5. 31 實用 建設工事의 設計標準과 檢査 (3판) 발행
- 1970. 4. 18 대학 토목공학과 조교수 자격 취득 (문교부 교수자격 인정)
- 1972. 5. 16 建設工事 標準품셈 初版 發行 (제51판 발행)
- 1972. 8. 19 대학 부교수 자격 취득 (문교부 교수자격 인정)
- 1981. 5. 6   『나와 6·25』= 적 후방 300리의 혈투 = 발간 (비매품)
- 1986. 6. 26 『못다핀 젊은 꽃』3판 (3부작 **박달령의 침묵, 이 한몸 다 바쳐, 백년전우** 등 다큐멘터리 영화 제작)
- 1990. 11. 9 **백골병단 전적비** 준공식 거행 (위치선정, 설계, 감리, 헌금)
- 2004. 3. 22 법률 7,200호 공포 기여, 대통령령 18583호 공포
- 2010. 3. 5   육군본부 내 명예의 전당에 전사자 60인 헌양식 거행 기여
- 2010. 6. 25 육군본부 연병장에서 참전 59년 만에 전역식 거행 기여
- 2011. 4. 7   전쟁기념관 전사자 추모비에 백골병단 60인 헌액 기여
- 2012. 6. 25 육군소령 전인식 충무무공훈장 수상
- 2019. 9. 27 백골병단과 나의 90년 인생<38권째>
- 2021. 1. 30 참전전우 일지 <39권째>

육군본부 직할 결사대
백골병단 기록 화보

2022년 07월 08일 신편
2022년 11월 11일 개정

편저자 : 전 인 식
발   행 : 육군본부 직할 결사대 전우회
대   행 : (주) 건설연구사

발 행 소 : 서울특별시 마포구 잔다리로 77, 601호
　　　　　　<서교동, 대창빌딩>
　　　전화 : 02)324-4996, 333-5214
　　　FAX : 02)338-1153
홈페이지 : http://www.kspumsem.co.kr
E-mail : kunseol@chol.com
등　　록 : 2000년 6월 19일 제10-1988호
　　　　(1972년 4월 18일 창립)

※ 파본이나 낙장이 된 책은 발행소에서 교환해 드립니다.

ISBN 978-89-7307-746-5　　　　　　　　　　　<정가 12,000원>

도 서 안 내

(주)건설연구사　서울시 마포구 잔다리로 77, 601(서교동, 대창빌딩)
전화.(02)324-4996, 6933-4996, 333-2381~2번　FAX.(02)338-1153

4×6배판 B5　　(감) 감수
국판 A5
4×6판 B6　　◉ 신간 및 개정판

도서명, 판형, 저자	도서명, 판형, 저자
〈2022년 51판〉 **건설공사 표준품셈** 토목·건축·기계설비 〈전기·정보통신 발췌〉 B5 · 1,348면 · 61,000원 · 전인식(편저)	**건축·토목 용어사전** A5 · 1,454면 · 59,000원 · 건설용어편찬위원회
	건축 용어사전 A5 · 1,216면 · 54,000원 · 건축용어편찬위원회
〈2022년〉 **토목공사 표준품셈** A5 · 892면 · 40,000원 · 전인식(편)	**토목 용어사전** A5 · 1,336면 · 53,000원 · 건설용어편찬위원회
〈2022년〉 **건축공사 표준품셈** A5 · 612면 · 37,000원 · 전인식(편)	**기계 용어대사전** 12년의 역작〈국·한·영문, 영문색인〉 A5 · 1,544면 · 58,000원 · 대표편찬 전 인 식
〈2022년〉 **기계·설비 표준품셈** A5 · 468면 · 35,000원 · 전인식(편)	**환경(상·하)수도 용어사전** A5 · 576면 · 40,000원 · 전 인 식 외
〈2022년〉 **전기공사 표준품셈** A5 · 580면 · 34,000원 · 연구회(편)	**펌프의 이론과 실제** B5 · 304면 · 32,000원 전인식·이교진·조광옥·조철환(공저)
〈2022년〉 **전기·정보통신 표준품셈** A5 · 1,112면 · 49,000원 · 연구회(편)	**건설공사비 검증의 Know-how** B5 · 412면 · 38,000원 · 전 인 식(편)
질의 응답 증 **건설공사의 계약·설계 해설** A5 · 776면 · 48,000원 · 고복영·전인식(공저)	공공공사의 감사실례 분석 및 적산기법의 해설 **공사의 감사·해설** B5 · 46배판 · 646면 · 28,000원 · 전 인 식(저)
개정 **건설 품셈 실무 해설** B5 · 554면 · 47,000원 · 전인식(저)	**네트워크 신 공정관리** B5 · 46배판 · 260면 · 22,000원 · 전 인 식(저)
〈2022년〉 **국가 계약 관계 법령** 〈지방자치단체 계약법령 포함〉 **건 설 관 계 법 령** B5 · 1,572면 · 54,000원 · 법령편찬회(편)	공공 적산을 중심으로 **표준 품셈 해설** A5 · 700면 · 37,000원 · 전 인 식(편)
	건설공사 관리요령 B5 · 436면 · 35,000원 · 남승운·조광치·민강호
기술·감리 총서 ◎ **토목시공 실무** B5 · 548면 · 40,000원 · 전인식(편저)	◆ 6.25 참전 **노병의 65년** A5 · 790면 · 25,000원 · 전 인 식(편저)
건축감리 ◎ **건축시공 실무** B5 · 536면 · 35,000원 · 전인식(편저)	◆ 육군본부직할결사대 **백골병단과 나의 90년 인생** A5 · 440면 · 9,000원 · 전 인 식 편저
신편 **건설 기계·시공** B5 · 544면 · 28,000원 · 전인식(저)	◆ 6·25 참전 70주년을 맞아 증보 **참전 전우 일지** A5 · 324면 · 10,000원 · 전 인 식(편저)
최신 **건설용어대사전** (책임교열·대표 편찬위원 전인식) 국판 〈14년의 역작〉 A5 · 1,380면 · 65,000원	증보 **새마을 건설 기술** A5 · 304면 · 12,000원 · 전 인 식(저)
	육군본부 직할 결사대 **백골병단 기록 화보** A4 · 116면 · 12,000원 · 전 인 식(제작)